数字时代影视传媒系列教材

U0169572

短视频创作与传播

Short Video Production and Communication

主　编／亓怀亮

副主编／杨　丹　魏韵竹　吴雁飞
　　　　刘　桐　张　宁

西南交通大学出版社
·成　都·

图书在版编目（CIP）数据

短视频创作与传播 / 亓怀亮主编. —成都：西南
交通大学出版社，2021.4（2024.6 重印）
ISBN 978-7-5643-8005-2

Ⅰ.①短… Ⅱ.①亓… Ⅲ.①视频制作–高等学校–
教材 Ⅳ.①TN948.4

中国版本图书馆 CIP 数据核字（2021）第 061272 号

Duanshipin Chuangzuo yu Chuanbo
短视频创作与传播

主　编 / 亓怀亮

责任编辑 / 宋浩田
封面设计 / 墨创文化

西南交通大学出版社出版发行
（四川省成都市金牛区二环路北一段 111 号西南交通大学创新大厦 21 楼　610031）
营销部电话：028-87600564　　028-87600533
网址：http://www.xnjdcbs.com
印刷：四川森林印务有限责任公司

成品尺寸　185 mm×260 mm
印张　7　　字数　158 千
版次　2021 年 4 月第 1 版　　印次　2024 年 6 月第 4 次

书号　ISBN 978-7-5643-8005-2
定价　32.00 元

课件咨询电话：028-81435775
图书如有印装质量问题　本社负责退换
版权所有　盗版必究　举报电话：028-87600562

伴随着互联网技术的发展，及媒体信息传播理念的革新，自2014年短视频元年开启至今，短视频已然成为全媒体时代发展最为迅猛的网络视听新业态。短视频以时间短、制作快、传播广、互动强等特点吸引了巨大的流量。近几年，以抖音短视频为代表的短视频应用相继走出了海外，在文化输出、国家形象塑造方面贡献了重要的传播力量。"短视频+"的入局方式逐渐大众化，5G时代的到来为短视频行业的发展带来更为广阔的发展空间。

随着各大平台对短视频内容质量的要求不断提高，短视频创作者会越来越趋向专业化，未来进入短视频行业的门槛也会越来越高。那么，短视频内容生态升级已成为行业共识，构建一个持续平衡发展的短视频内容生态，尤其是创建一个良性的商业化模式，以确保优质内容的孵化和输出，这将成为短视频平台持续健康有力发展的关键。

《短视频创作与传播》一书，是基于广播电视编导专业的课程教学，经过总结、提炼、市场化实践后，编写的一本符合影视艺术类专业学生使用的教科书。该书从认识短视频、短视频选题策划、短视频拍摄、短视频的剪辑、短视频的发布与运营、短视频的传播与发展六个方面展开。其目的就是要提升学生对短视频的深度认识，培养训练学生对短视频创作的思维。就是要培养学生具备独立进行短视频系列作品创作的技能。就是要启发学生紧密跟随当代短视频行业发展方向，不断优化对短视频行业及其发展的意识。

前言 PRÉFACE

　　另外，本教材的特色还在于引用了大量的短视频案例（对本书中采用的短视频的创作者及其平台深表谢意）。除了引用经典短视频、代表性的短视频博主之外，还时效性地引用了当下比较热门的一些"话题性""现象级"的短视频作品，各个平台的经典案例均有涉及，以此增强本教材的实用性。结合学生特点和新媒体时代的语境，采用"互联网+教育"的思维模式，在书中各个章节增加电子资源，通过二维码扫描，学生能够较便捷地观看到相关短视频和短视频博主的主页或拓展性知识链接，以更加直观的方式提升学生对短视频的认知，提高学生对短视频学习和创作的兴趣。并由衷地希望正在学习影视艺术类专业广大青年学生及短视频爱好者，对短视频要有宏观的产业意识和格局，不断扩大自己的视野。

　　受时间及学识所限，书中的偏颇、疏漏之处在所难免，不足之处还请学界、业界专家及读者不吝赐教，多多批评指正。最后，感谢西南交通大学出版社长期以来对我们教学工作的大力支持。

编者 2021 年 3 月于绵阳

目录

CONTENTS

目录

CONTENTS

▶ 第一章
揭开短视频的神秘面纱：认识短视频

第一节　短视频火爆的幕后

随着时代的发展以及科技的进步，特别是在进入 5G 时代后，短视频在成为人们日常生活中必不可少的一种娱乐休闲方式的同时，也成为人们获取一些新闻的途径。随之而来的就是一些短视频平台的兴起，如"抖音""快手"等。

短视频在当下之所以能火爆，其重要的原因是满足了大众当今碎片化的时间条件。在社会飞速发展的背景下，诞生了一些工作时间相对不固定的行业，并且随着各行各业工作压力的逐渐加大，相对充裕的休息时间逐渐减少，因此，人们对信息获取的途径逐渐从传统的电视、报纸、杂志等媒体转换到网络。

同时，随着人们获取信息途径的改变，人们对于信息类型的需求也随之改变。从以前电视、报纸等传统媒介的"展示什么样的内容就看什么样的内容"转变为"只关注自己感兴趣或对自己有用的内容"。人们逐渐形成了有选择的信息获取习惯。

作为短视频的创作者，需要了解短视频平台针对用户以及观众的推送方式。以短视频平台"抖音"为例，当用户在抖音平台发布新的视频后，平台会将所发布的视频随机推送给一小部分用户进行网络交互行为的测试，若在这一小部分的用户范围内的网络交互行为有好的效果，如点赞、评论、关注、分享等，那么短视频平台将会将作品推送至更大的观众范围，以此类推，即去中心化算法。这种去中心化的算法，将用户对创作者的喜好与评价放在首位，依托用户对作品的评价做出综合性的评价。对于用户来说，平台使用去中心化算法的优点在于能够依据用户的喜好，通过对用户点赞、评论、浏览类型的分析，将用户最喜欢的内容类型优先推送给用户，极大地减少了用户浏览相对不喜欢或不关心的内容的时间，为用户直观精准地找到所喜欢的内容。例如，当用户对短视频创作者"东北人（酱）在洛杉矶"所创作的短视频内容进行多次观看、点赞、评论后，短视频平台会通过算法更多地将"东北人（酱）在洛杉矶"的视频推送给用户，同时，同类型的短视频创作者如"Jagger 介个桔梗"等的短视频也会相应地被优先推送给该用户。短视频"刷"的特点为观众带来了更加新颖的观看体验，观众不断进行的"刷"的动作其实也是对所观看的内容的一种筛选，通过这种筛选，平台可以挖掘观众的"无意识需求"，通过对观众"无意识需求"的大数据分析，从而对内容进行不断的优化和改良，给用户提供更优质的作品。

短视频平台利用这种方式来降低用户对观看内容的选择时间成本，极大地方便了观众对内容的选择，观众可以在相对碎片化的时间里最直接地观看到对自己有用的内容，填补了用户之前希望在碎片化时间内简单便捷地获取有理内容的需求，同时时长相对较短、内容相对精悍的短视频更加有利于用户在短时间的观看后获取更多的有利信息。因此，抖音等平台在算法上的更新、内容上的优化极大地迎合了当代观众对观看内容的要求及观看的习惯。

现如今我们正处于一个分享的时代，很多人都乐于将自己的生活方式、生活态度、所见所闻以及自己所擅长的某一方面来进行分享。而抖音等平台恰好给乐于分享的用户提供了一个很好的分享平台。"抖音"等短视频平台对短视频的发布门槛相对较低，不需要短视频创作者拥有一定的粉丝基础或者社会地位，而是提倡人人参与。正如"抖音"平台的宣传语"遇见美好生活"一样，积极地鼓励用户将自己美好的生活通过视频的形式呈现在大众面前。观众因此拥有了一个快捷地观看自己喜欢的内容的平台，创作者也有了可以随时随地展示自己的机会。在利用这种新型社交方式和通过创作者与观众之间的密切互动，既加强了用户对平台的依赖性，也极大地增加了平台的用户基础数量，为平台的推广提供了广阔的途径。

短视频平台在关注用户使用过程中的实用性、便捷性的同时，还照顾着观众对感官刺激的需求。在抖音等短视频平台兴起之前，大部分的网络信息传播集中于微信公众号、微博、百度等平台，信息内容的传播也大多以文字和图片的形式，烦琐的文字和图片并不能够给观众带来最直接的感官刺激，同时一些观众也会对冗长的文字产生消极的态度，从而丧失阅读的兴趣。但是短视频的兴起很好地解决了这种问题，短视频通过最直观的画面、最直接的言语、视听语言的运用将内容直观地传达给观众。微博、微信时代，图文呈现的方式仅仅刺激到了观众的视觉感官，而短视频的兴起，不仅加深了观众在视觉感官上的刺激，同时，文字和静态的图片转变为活灵活现的短视频，还刺激了观众的听觉感官，这是之前图文模式所无法做到的。在视觉感官的刺激上，不单单是由图片、文字转变为视频而已，短视频平台在拍摄的选项中加入了滤镜，使短视频创作者在创作之初就可以自由地选择想要达到的画面效果。在听觉感官方面，网络爆火的音乐可以很好地抓住观众的情绪。音乐亦或简单明快，亦或让人陷入沉思，在音乐的渲染下，作品的情绪以及兴趣被更好地带给观众。视觉与听觉的双重刺激也极大地加强了观众对视频内容的感受，短视频也将观众的感官刺激带入到了一个新的高度。同时短视频平台的音乐具有很强的传播性，也会使得一部分音乐成为"网红"和"爆款"，这些音乐展现了极强的模仿性，相似类型的作品会逐渐增多。在相似类型作品增多的情况下，只有那些内容优化，画面更加精致的作品才会脱颖而出，这样的良性竞争也为短视频平台的内容优化起到了很好的促进作用。

短视频类型种类的优势也是短视频火爆的重要原因之一。因为各大短视频平台有着很强的开放性与兼容性，所以用户可以在各大短视频平台找到自己所感兴趣的内容。以视频平台"BiliBili"（中文全称为"哔哩哔哩"）为例，在"BiliBili"的网站首页，会很直接地设立网站内的视频分类，如动画、音乐、舞蹈、生活、知识、时尚、娱乐、番剧等。用户可以通过这些分类直观地找到自己想要观看的类别并进一步搜索，节省了搜索时间和搜索成本。利用点赞、投币、收藏等一系列的用户观看行为，可以将观众感兴趣的视频内容进行记录和储存，极大地方便了观众对视频内容的重复观看和分享。在方便了观众的同时，也催生出了很多专攻某一类别的"UP 主（Uploader，上传视频音频文件的人）"，如美食区的"美食作家王刚 R"就通过短视频的手法展现了自己精湛的厨艺，将一道道精美的菜品呈现在观众眼前。

"美食作家王刚 R"视频扫码观看

科技区的"科技美学"以对电子产品的测评作为视频内容，通过风趣幽默的语言将一系列电子产品的优劣展现给观众。

"科技美学"视频扫码观看

科普类的"回形针 PaperClip"通过逻辑严谨的配音，通俗易懂的视频画面，为观众解释了一件件需要运用科学来认知的事情。

"回形针 PaperClip"视频扫码观看

动漫区的"努力的 lorre"作为一名专注于讲述美漫（美国漫画）的短视频创作者，运用风趣幽默的言语将"漫威"和"DC"等美漫大厂的发展历史和旗下作品的相关内容普及给观众。

"努力的 lorre 视频"扫码观看

短视频平台通过对视频内容的分类，能让观众更容易找到自己想要观看的内容，也让短视频的创作者更能明确创作的方向。在短视频给观众带来更强的感官刺激以及给创

作者带来更多关注度的同时，短视频平台还会带来相应的收益。对于普通的创作者而言，通过短视频的创作与传播，可以让他们获取相应的人气和经济效益。而对于一些具有一定规模的机构、企业而言，短视频平台是一个很好的宣传路径，通过短视频的宣传，可以提升企业品牌的知名度、获得更多的关注、树立品牌的形象、提升产品的销量。无论是普通的短视频创作者，还是大型的机构、企业，发布短视频所带来的利益既满足了创作者本身的需求，也成为推动短视频行业发展的一大重要因素。

短视频的火爆是一种文化的体现，当今时代，网络视频在人们生活中的存在感已经超越一般的娱乐项目。短视频凭借其内容的丰富性、观看的便捷性、创作的简便性、互动的参与感，已经逐渐发展成一种全民参与的娱乐项目。不同年龄、不同职业、不同身份的观众都可以在短视频平台找到对自己有用或自己感兴趣的视频内容。同时，短视频的创作者也通过短视频平台展现着自己的审美、想法和价值观。从之前单纯地进行内容的收看，到现在可以通过短视频平台足不出户地和全国各地的用户进行交流，对文化的传播和知识的输出也有着极大的促进作用。通过短视频平台的广泛传播，捧红了很多来自各行各业的"普通人"，如"手工耿""华农兄弟""李子柒"等。这些日常生活中的"普通人"将自己普通生活中或恬静美好或风趣幽默的一面展现给观众，这种积极的自我表达、情感宣泄成为当下社会的精神文化、价值追求的重要投射。

短视频之所以能够在短短几年内呈现出如此火爆的趋势，平台针对内容进行的优化功不可没。在短视频平台出现之前，各大互联网内容传播平台对内容的监管以及内容的分类并没有严格的界限，导致网络上存在着很多暴力、低俗的视频。而在网络短视频平台上，不仅有着严格的界限，而且还设置了青少年模式，让观众看到合适的内容成了短视频平台的第一要素。作为内容观赏者的观众，在被平台赋予了极大的权利后，从单纯的观看者变为了拥有举报权利的监督者。在平台和观众的多重监督下，短视频的内容愈发地具有高雅的艺术感。同时，短视频具有的简便性、快捷性也使其成为一些观众的新闻来源渠道。具有权威性的新闻媒体也纷纷在短视频平台开通了账号，如在"抖音"平台拥有上亿粉丝数量的账号"人民日报"。作为我国老牌的传统媒体，其通过短视频的形式发布新闻报道，重新获得了广大观众的关注。同时观众也可以在短时间内通过短视频的方式，从视觉和听觉两方面来接受新鲜时事，并且可以加入与全国各地同胞的讨论中，第一时间发表自己对新闻事件的观点和看法，增加了参与感。

短视频平台除了具有很强的娱乐性质外，还具有很强的教育性质。教程类短视频在各大短视频平台都有展现。这样的教程类短视频的创作者大多是在此行业内做出一定成绩的从业者或是该行业的佼佼者，为在某一方面有学习需求的观众提供了最简单便捷的方式。特别是对于学生而言，网络短视频平台上存在很多关于所学内容的知识补充，利用课余时间进行进一步的学习，在巩固知识的同时，对于自己的专业知识和专业能力的提升也是一种有效的补充渠道。而对于文化程度相对较低的观众而言，通过短视频平台接触内容相对高雅、具有艺术美感的作品，对提升观众的审美水平有很大的帮助。

总结而言，短视频爆火的背后是时代的需要：科技飞速发展的社会需要有能够填充碎片化时间的娱乐项目；观众精神物质需求的不断进步需要具有审美并且符合爱好的内容呈现；市场的不断优化需要有能够普及宣传的平台。而短视频平台对内容的严格要求，对市场的准确把握，对类型的精确分类，对不同用户需求的精确捕捉，对用户间自由互动的支持，都使得短视频成为当下最火爆的信息传播形式，"刷"短视频成为观众在日常生活中不可或缺的一种生活方式。

第二节　短视频的特点与优势

不同于电影和电视，短视频制作并没有像电影、电视一样具备特定的环境、特定的内容、特定的表现方式和大型团队的配置要求。其不仅具有生产流程较为简单、制作门槛低、参与性强的优势，还比传统媒体更具有传播价值。极短的制作周期和丰富的内容，使得短视频制作团队的工作更偏向于文案和策划。一个优秀的短视频制作团队的诞生依靠的是运营成熟的自媒体，内容输出高频而稳定，平台对信息分类趋向精细化、垂直化，粉丝渠道也较为强大。

短视频的特点相关内容如下。

一、短小精悍、内容为王

由于时间有限，所以创作者需要花费更多的心思去吸引受众。于是短视频就需要放入大量精彩内容，这便造成了短视频虽然短小，但是内容依旧具有完整性的特点。短视频的出现满足了受众日益多元化的媒介使用需求和碎片式的媒介使用习惯，因此占据了大量的用户市场。视频时长普遍在15秒到5分钟。相对于文字和图片而言，视频可以带给受众更好的视觉体验，且在表达方式上更加生动形象，能够将创作者所要传达的信息更切实、更生动地传达给受众。因此，短视频所展示的内容往往较短，符合受众碎片化的接受习惯，但同时还能降低受众参与接受信息的时间成本。短视频的核心理念就是时间短，如果内容不精致，不能在视频的前3秒抓住受众，就不能达到有效的传播效果。传统的长视频的发展方向不同于短视频，依靠长视频吸引受众的可能性比较小，所以短视频吸引受众的方式主要依赖于内容。对于短视频而言内容为王，短小精悍尤为重要。

二、制作过程简单

在短视频出现之前，大众对制作视频的第一印象普遍为电视剧或电影。因为在大众之前的认知中，制作视频需要有专业团队，要在特定的环境当中，会耗费大量的人力、物力，门槛极高。但随着短视频的兴起，大众发现自己可以通过手机进行拍摄和制作，通过简单的处理就可以上传至网络，收获流量和关注，于是创作者数量大大增加。短视频之所以能逐步发展，主要依靠大众的表达和创作欲望。因此，国内出现了"BiliBili"弹幕网站，"优酷视频"等早期一些可以上传短视频的平台，允许用户将自己的观点或生活片段通过短视频进行分享。而抖音的出现则将大众获取信息的方式从贴吧、微信公众号、微博等文字图片平台转换成短视频平台。复杂制作过程的省略，让短视频作为互联网时代的一种新型媒介形态，以集文字、影像、语音和音乐等传播符号为一体的多元化复合媒体出现。

"绵羊料理"视频扫码观看　　　　　　　　"电影最 TOP"视频扫码观看

三、传播性强

手机作为新媒体时代的传播媒介，其信息的传播真正做到了实时沟通——信息的生产者把信息通过手机发送给接收者，与此同时信息的受众在获得信息后，可以迅速对此信息进行二次加工处理，并且及时进行反馈。新媒体依托于手机，这种媒介在人与手机互动这一方面有着传统媒体无可比拟的优势。

随着互联网技术的强势发展，手机作为新兴媒体高度介入信息传播之中，成为众多信息传播平台的有力载体。作为新兴传播媒介其传播的个性化特征充分体现了新媒体传播性强这一特点。在此传播体系中，信息的传播者与接受者信息平等，两者在一定条件下达到了既相互独立又相互融合的状态，传播者与接受者之间没有明确不变的界限，这是传统媒体达不到的传播广度和深度。短视频的制作门槛比较低，又依托于将手机作为传播媒介，短视频的发布渠道多样，因此使用户能够轻松实现直接在视频平台上分享自己制作的视频，很容易促成信息的快速传播。良性的传播渠道和传播方式使短视频传播的力度大、范围广，同时又保证交互性极强。

四、社交黏度高

分众性传播是近几年新媒体传播的发展趋向，信息的受众按照特定的标准，通过特定的途径，选择和过滤有效信息，进而屏蔽冗杂信息，这极大程度决定了信息传播者所传送信息的意图能否实现。受众在接收信息时的主动性和个人偏好逐渐成为信息传播这一过程中实施的方向。在数字化网络的当代，新媒体传播活动呈现出信息整合的形态，任何受众都可通过互联网、手机等传播媒介随时进行信息沟通，人际传播的性质得到飞速强化。

在当下的信息化网络时代，传统的广大受众开始逐渐被分割为趣味相投的"小众"受众群体，如兴起的各种网络社团、论坛群体。在小受众之中，以相同的爱好或者兴趣为表征，受众也许更容易找到志趣相投的伙伴，使传统大众传播固定的信息内容受到冲击，从而扩大了个人的意愿及表达空间，促进了社会信息时代的多元化发展进程。

在各种短视频平台和应用中，用户可以对视频进行点赞、评论、转发，还可以私信视频发布者，视频发布者也能及时对评论进行回复，这便是用户黏性中非常重要的重复性。当短视频平台的用户重复使用或多次打开视频应用时，这一高频的使用过程被称为用户黏性高。社交是人类的本性，只要人存在就必然会产生不同类型的社交平台，一个广泛的使用平台就是一笔巨大的财富，而短视频平台利用了人们追求性价比、追求同质化的特点，在创作者和受众的互动过程中，平台负责作为创作者和用户之间信息传递的桥梁，在负责对内容进行组织、筛选、分类、提高短视频的内容价值的同时，提供精准的信息扩散、传导和交换服务，进而增加社交黏性。

五、方便营销

直接消费性是新媒体传播过程中的属性之一，这与新媒体的管理及营运方式密切相关。在可管理的网络及手机支付的收费模式两个方面表现得尤其突出。可管理的网络是手机作为电子智能型媒体的优势，依托于大数据互联网技术，在现有的通信网络开发过程中，新媒体基于传统媒体管理架构，综合其个性特征，不断优化和革新，逐渐形成了极其方便的操作系统。不仅运营商可以在此基础上开展移动通信业务，对于手机用户而言，他们也可以利用这套网络来实现移动商务及电子消费。手机作为信息传播的媒介和载体，可以跳过传统的支付手段直接实现新的消费模式，这是新媒体管理消费中的基本内容。

基于手机媒体的个性化、针对性信息效力的发展趋势才是新媒体直接消费性的关键所在。数字化商业时代的人们已经可以按照自己的需要向网站提交商品的订购信息，再依托电子商务互联网的微信、支付宝等新兴移动支付方式进行支付。通过在线支付等功能进行移动电子商务的过程中，相关的金钱支付都可以通过智能网络系统进行账户费用自动扣除。

以上这些支付方式带来的优势都是传统媒体和网络媒体所无法拥有的，因为受多方面因素的影响，传统媒体要完全针对单一个人的信息服务收费是基本无法实现的。而手机媒体所拥有的数据平台足以保证其在当下进一步发展的过程中为用户进行需求分析、信息定制、信息分类、自动分发、用户反馈等系统在内的一系列完整的信息服务。

伴随着手机移动服务发展诞生的短视频业务相比于其他的营销方式，其借助了短视频平台，在商品的营销过程中可以准确地找到目标用户，且更加精准。大数据时代不同阶层以及年龄阶段的用户所观看的视频类型不同，以短视频平台直播的方式或根据想吸引的目标用户群体去精准垂直地制作营销视频，更便于提高销量、推动经济。

短视频运营平台通过植入的手段，使受众在观看短视频的过程中，刷到基于大数据运算垂直推送的广告。而广告有"硬广"和"软广"之分，一般"硬广"不易被受众所接受。而"软广"的特点在于，既不易被受众第一时间发现，又起到广告的传播作用，即在娱乐受众的同时，起到了宣传的作用。短视频或者依托于短视频平台的直播，通过插入购物链接，让受众在观看视频的同时可以购买商品，也取得了更好的营销效果，实现了商家、短视频平台与作为消费者的受众三方共赢。

近年来，随着科技的迅速发展，互联网的逐渐兴起，逐步对传统媒体产生冲击。同时当下正值信息化时代到来，电子产品借此飞速发展。大众碎片化的时间逐渐增多，而短视频的形式就刚好迎合了大众的信息需求。

短视频相对于传统媒体的优势如下。

（1）深度化。

在当下人人可进行视频化表达的信息时代，内容的进一步精细化处理，事实与观点的结合成为新媒体区别于传统媒体的优势。近年来新媒体的发展尤其是新闻类的短视频，已不再趋向于新闻聚合，而是趋向不同媒体对于同一新闻事件的差异报道，提供具有创造性且新颖的新闻分析，进而形成了核心竞争力。

（2）垂直化。

信息容量在短时间内的大幅度提升，必然会导致冗余信息的产生。因此短视频的信息内容分类在垂直化、分众化等方面通过大数据、云计算的算法提高了信息与受众之间在传递过程中的传递速度和获取效率。目前的短视频平台利用算法使得信息可通过过滤、场景匹配等方式提高传播的范围，具备精确的指向性，使短视频的制作加入了更多维度的考量，在原有横向发展的大趋势下，垂直细分出更多领域。依据不同人群，不同目标受众呈现出不同的主题以及表现手法，进一步满足用户的个性化需求。

（3）差异化。

短视频与传统媒体的传播平台、接收端与接收状态的不同是两者的本质化区别，尤其是新闻类。新闻类消息在传统媒体中具有完整性，基于视听语言的结构较为成熟，适合在特定的时间段通过电视屏幕传输。而新闻类短视频则依托于移动互联网，时效性更强、题材更广，尤其以片段化或泛资讯、泛娱乐类内容见长。在相同题材的内容表达中，叙事方式、视听符号的运用乃至制作流程与传统媒体不尽相同。短视频时代下的新闻类短视频，更多作为重大新闻事件的补充，"vlog 新闻"便因此诞生。"vlog 新闻"类短视频更侧重聚焦于事件焦点与亮点或聚焦于个体，受众面较广。而传统媒体的长视频侧重信息记录和传递的完整性，力求深度报道，相对而言受众面较窄。

总而言之，新媒体短视频的优势是在当下信息爆炸的网络时代，大众作为信息受众，接收信息的方式发生了本质的变化，以往整体性、完整性的信息获取方式逐渐碎片化、短暂化。而短视频基于其短小精悍、制作简单、在内容和形式上迎合了大众需求的优势，同时由于其传播性强与因为用户基于平台所以实用度和黏度高等特性，使得短视频站在了新媒体传播类型的风口，在一定程度上刺激了消费和经济，对传统媒体造成了冲击。而传统媒体也在新媒体的发展过程中吸取了经验，在内容上做深度化、在传播的广度上做垂直化、在形式上做差异化，这些是传统媒体在新时代的网络传播中做出的改变，并且已成为传统媒体融入当下社会的主要方式。

第三节　短视频的基本类型

随着短视频的不断发展，现如今短视频已具有时间短、内容丰富、制作过程简单易上手、创意鲜明、主题明确、传播性强、受众群体多、受众面广等特点。同时，其对外开放性、平等互动性等优势可以吸引到大量的群众参与其中。目前市场上存在的短视频类型繁多，短视频在选择平台进行推广及投放时，不仅需要对投放平台的长处与短板有清晰的认识，同时也要对短视频投放的基本情况有相关认知。

因其自身拥有以上的这些特点与特殊性，所以短视频可以分出以下几种基本类型。

（1）剧情类。

剧情类短视频包括搞笑型短视频、段子类短视频、恶搞型短视频、天性解放型短视频、剧情故事型短视频等。首先，短视频的统一特点是时间短，因此普通剧情类短视频的时间一般控制在 45 秒到 60 秒。其次，剧情类短视频用户的构成较为复杂。其中"素人"占据总数量的一半。这类人的标签主要是"萌宠""高颜值的男女""具有个性及标签性的个人"等，总数一半主要由明星、网红及 coser（角色扮演爱好者）、部分 KOL（Key Opinion Leader，关键意见领袖）等组成。最后，此类短视频观看的用户众多。大多用户会在点赞、评论的同时进行相关内容的转发。此类短视频因其具有广泛性与巨大数量受众群体的特性，在所有短视频内容分类中，此类短视频占据了极大的比重。因为从事短视频的团队背景复杂、专业程度参差不齐，在平台模式和商业逻辑的共同作用下，作品形态呈现出以下几种不同的特征。

① 内容和风格沿袭"娱乐化"。目前国内各大平台上的剧情类短视频大都以娱乐为主，通过对生活场景的戏剧化重构和演艺，来满足观看者对"爽点"以及心理解压等方面的需求。如抖音短视频创作者"我是田姥姥""耀杨他姥爷"都是用镜头记录家中长辈风趣幽默的老年生活，同时也让观众捧腹大笑。

② 制作"粗糙化"和表演"陌生化"。根据对"抖音"和其他平台短视频的分析，可发现大部分剧情类作品在整体制作上，呈现出"业余"或"半专业"的特征。此类短视频虽然较短，但其中所涉及的视听语言一应俱全。然而在这些方面，自媒体的创作水准明显要低于专业的影视摄制团队。

③ "商业广告"味道浓厚。自媒体短视频作品在追求"变现"逻辑的需求下，会通过多种形式和渠道将短视频产品与商业融合，以实现个人或团队 IP 的"可持续发展"。剧情类短视频的创作者会尝试挖掘自身"硬广""软广"或"商品橱窗"等方面的变现价值，为后续的拍摄积极寻找"买单方"。以抖音中的某账号为例。该团队前期主要以拍摄原创搞笑短剧积累粉丝，之后以类似"广告剧"的形式植入广告，其广告内容与创作搞笑短剧融合起来，让粉丝得到欢乐的同时也实现了经济价值。

剧情类短视频在发展的过程中也存在着诸如"过度娱乐"与"同质化"的问题需要

解决。

（2）娱乐类。

娱乐类短视频包括歌舞型短视频、明星艺人型短视频、八卦趣闻型短视频、创意搞笑型短视频等。娱乐类短视频的特点主要体现在其互动性强、社交互动性黏度高。视频创作者多为草根大众。这类短视频大多以搞笑创意为主，所以在平台上可以迅速斩获大批量的粉丝群体。同时这类短视频因其带有娱乐性和具有轻松幽默的特点，可以在很大程度上缓解人们在现实中的压力，给枯燥的生活带来一丝乐趣。如抖音歌舞类短视频创作者"代古拉 K"便以欢快的舞蹈吸引粉丝，演员陈赫在抖音的账号也相当火爆。

（3）影视类。

影视类短视频包括影视解说型短视频、影视混剪型短视频、影视片段剪辑推广型短视频、影视盘点型短视频、影视创新型短视频等。这类短视频的最大特点在于其要在有限的时间内讲好电影剧情的同时，加入创作者的主观看法。因为短视频自身具有快、短、新的特点，所以要求创作者能够快速、有效地讲出影片的重点，让粉丝可以在短暂的时间内了解影片的剧情与相关热点话题。如"抖音"的电影解说短视频"毒舌电影"和"BiliBili"的电影混剪 UP 主"Man6on"等。

（4）生活科普类。

生活科普类短视频包括情感分析型短视频、美食制作型短视频、探店寻访型短视频、衣着服饰穿搭型短视频、美妆评妆型短视频、母婴亲子型短视频、健康医疗型短视频等。

生活科普类短视频的特点为：首先，此类短视频在创作内容上生活化。因其内容主要围绕生活中的各类话题展开，所以更容易满足粉丝对其内容实用性上的需要。以"老爸评测"为例，该账号的所属人魏文峰是国际化学品法规专家，拥有十年出入境检验检疫局实验室检测工作经验。他把十年的工作经验运用到了对生活中物品的评测当中，例如化妆品、护肤品、食品等与人们生活密切相关的物品。每期评测内容以 1 分钟以内的短视频呈现，既精炼实用，又有实验室检测结果证明和自身的多年行业经验，因此深受观众喜爱和信赖。其次，观众接受门槛低。生活科普类短视频本质是在做知识的"解释"工作，即把严肃枯燥的专业理论，与观众实际生活中遇到的场景相结合，并转换为更容易让人接受的知识。"解释"知识的方式大大降低了观众的接受门槛，因此受众范围较广。

（5）新奇创新类。

新奇创新类视频包括技术特效型短视频（影视特效应用、运镜调度剪辑、极限运动等）、理财投资型短视频、探索新奇型短视频等。首先，此类短视频拥有较高的技术门槛。此类短视频创作者在其自身能力及技术上具有很强的实操性与创新性，如抖音短视频平台的创作者——以画面效果著称的"黑脸 V"和以流畅的运镜为特点的"ahua"等。在普通粉丝看来这类创作者所制作的内容具有较高的难度，且视觉上具有很强的创新性，所以在此类视频的发布及推广过程中会积攒较多的粉丝量。其次，此类视频具有较强的生活性。随着人民物质条件的不断提高，对于精神文化的需要和对于新鲜事物的接受度也在不断的提高。在此情况下大众对此类视频的新鲜度及接受程度也会随之提高，让人们在工作学习之余可以接触到新鲜的事物并拓宽自身的眼界。

（6）文化教育类。

文化教育类短视频包括国学推广型短视频、历史讲解型短视频、国风音乐表演型短视频、二次元文化表演型短视频、普法型短视频等。目前是短视频流行的时代，短视频相比于"微信、微博通过文字讲述、利用图片辅助"的传统形式，拥有音画同步的传播方式，因此短视频在传播过程中的故事性和画面感在传播效果上会比微信、微博更强且更具有说明性，短视频能够更直接地冲击用户的多重感官，通过投稿、话题等这些互动方式可以让用户拥有更多参与感、群体感、场景感和代入感，短视频在传播过程中实现了更生动、有情感的互动。随着短视频的大火，这种新型传播方式已成为主流的传播形式，各个短视频平台上有众多的教师及其团队、教育培训机构开设了抖音号，短视频平台已经成为融媒体大环境下网络传播和宣传的标配。截止 2020 年 5 月，已经有 4 300 多个教育相关的个人用户及相关公司成功入驻抖音且成为拥有上万粉丝量的账号群体，运用抖音来宣传自身的同时，他们教授相关知识内容、传授学习方法等，覆盖了考学、语言教学、职业考试、文化传播、思想传达等细分领域。其传播内容以可以分为：

① 情景剧或 vlog：采用此种内容展现形式的主要目的是将所要教授、宣传的内容或知识融入模拟的现实生活中去，让用户在观看时更加具有代入感和真实感。以这种形式来表现，会更加便于视频传播，但在拍摄成本上也会大大提高，如抖音短视频创作账号"人生回答机"便通过剧情引导观众的方式将人世间的道理讲述给观众。

② 真人讲解：以半身出镜的形式来拍摄，如讲述逻辑推理的账号"韶华"的作品便使用了这种方式。这种以真人讲解形式进行拍摄的特点在于简单直观，只需要出镜的人在有限的时间内，以轻松生动、简洁易懂的方式表述其中内容。该方式适合较为简单、可以速记的知识内容的传播。

③ 实例教材：以教材上的内容为文字理论载体，以画外音解说的形式来讲述，会让观众更有上课的感觉，在讲述的内容上也会更加的简单清晰，讲解内容也会较为全面且深入。但是，此类方法会导致传播性上被削弱。大部分用户无法做到全身心投入，进而会影响点击量与传播量。

④ 课堂录像：课堂录像处理是对于所传播内容及讲解视频素材的二次剪辑，如宣讲时的录像、在线课程视频、相关活动记录等，这种方法也是有效传播相关内容的一种形式。

⑤ 思维导论图拍摄：以思维导论图为内容形式传播的优点在于用户是以第一视角观看，在所要讲述的内容及知识点的表现上较为清晰，拍摄成本低，但人设感低，不利于打造热点 IP，在讲述时代入感较差。

⑥ 记录教学生活：部分机构、学校、公司及个人，都在采用此方法。通过真实的拍摄及后期的剪辑处理来记录现实生活状态，以及有趣的事情等。

（7）商业类。

商业类短视频包括产品推广型短视频、营销养号型短视频、人文故事解说型短视频等。此类短视频推广及设定最大的特点就在于推广相关产品或是以发布博眼球的短视频的形式来获取大量的关注与用户群体。商业类的短视频在制作时就很明确地以盈利为根本目的。其中最为主要的盈利方式有三种：广告营销、短视频电商、内容付费。广告营销短视频的广告主要靠传统广告和与原生广告。传统广告主要涉及界面弹窗广告、APP开屏广告、积分广告等。此类短视频中的传统广告大多是通过大数据运算来实现精准推送的，以此来提高客户转化率。原生广告是指一种新的消费者体验形式和一种新型的互动广告，原生广告以消费者平常的使用习惯为切入点，让消费者产生发自内心且自愿的消费体验。而短视频电商需要确立业务主体和发展方向。因为短视频平台对用户来说是一个娱乐社交平台，而电商对用户来说是主要是用来满足购物需求的，因此短视频电商可能会透支视频的流量价值，所以要求此类商业性短视频必须要在选择平台及受众群体中做好定位。

（8）政务宣传类。

随着媒介技术的进步、播放平台的不断扩展和延伸、国家对短视频扶持力度的加大，近几年短视频不断繁荣发展，短视频平台在 2020 年，迈入相对成熟的发展阶段。其中，政务类短视频也迎来了新发展，在弘扬社会主义核心价值观、壮大主流舆论方面发挥了重要作用，创作出的主题和作品都呈现出新的特点。政务宣传类短视频创作主题方面的特点包括：

① 政策、政务工作宣传。

从 2018 年开始，越来越多的政务机构尝试在短视频平台注册并且发布短视频来宣传政务工作、宣讲和解读政策，获得了良好的传播效果。以入驻抖音短视频平台的中国人民解放军新闻传播中心网络部的官方抖音号"中国军网"为例。其作品（短视频）截至 2020 年 12 月 25 日共计 1 645 条。最早一条的发布时间为 2018 年 10 月 30 日，发布的内容为官宣入驻抖音平台，仅此一条便获得 168 万的点赞量。目前账号拥有粉丝 1 958 万，共计获赞 4.5 亿。"中国军网"发布的短视频内容不仅展现了人民军队的血脉传承和铁血荣光，而且诠释了新时代革命军人的家国情怀和责任担当。

② 塑造党政机构、公务人员形象。

短视频的应用宣传在塑造党政机构、党政工作人员形象方面有着天然的优势，让网友从以前对其生硬、刻板的印象中跳脱出来，真正地了解到党政人员的工作生活状态，感知他们的艰辛与奋斗。

③ 弘扬社会主义核心价值观。

讲述典型人物的典型故事，弘扬社会主义核心价值观是政府宣传类短视频创作的重要内容。如在 2018 年 10 月 1 日的国庆节这一天，共青团中央正式入驻抖音、快手短视频平台。快手的总用户数已达 7 亿，日活动用户约 1.3 亿，大多数是青少年。抖音的总用户数已达 3 亿，日活动用户约 1.5 亿，大多数也是青少年，因此共青团中央此举更好地结合了时代发展的方向以及积极地响应了"青年人在哪里，团的组织和工作就延伸到哪里"的工作纲领，不断迎合青年人的需要。以抖音平台为例，共青团中央发布作品现已有 890 条，点赞量 1.5 亿，粉丝数量 663.8 万。其发布内容在重视青年人发展的同时也在不断地推陈出新，在思想上、行为上、三观塑造上对青年人进行正确的导向，在宣扬社会主义核心价值观的工作上，真正地落实到了实处和深处。

第四节　短视频的创作方式

目前短视频发展迅速，抖音短视频平台的日活动用户已经达到了数亿。在这个全面参与短视频制作和观看的时代，如何让我们创作的短视频能够在众多内容中脱颖而出？这就需要我们在进行短视频创作时，不能盲目随性而为。在创作短视频时需要讲究方式、方法，要按照一定的流程来进行工作。在短视频的创作过程中，要面向社会以及迎合市场的需要，在短视频的创作上要讲求一定的方式。目前市场上将短视频创作的主要方式分为以下四个方面，接下来将进行展开性说明。

（1）图文展示形式类短视频。

这是所有短视频里面最简单、便捷的一种操作方式。此类短视频没什么技术含量，几乎没有对硬件的要求，但是图片本身必须比较特别，才能吸引眼球。对于新手来说，技术门槛不高，上手难度不大。从用户角度来看，此类短视频主题鲜明、内容清晰，拥有一大批以中年用户为主体的人群作为其核心粉丝群体存在。在此类短视频创作中，以书单类短视频作为其代表。此类短视频，通常以图片为主体来分享一些名人名言或是名人警句、成功学等内容，并通过录制成短视频的形式来引发用户的共鸣。通过对此类短视频内容进行分析，不难看出，此类短视频能够拥有数量不少的点赞量及转发量首先说明了在其文案写作上及内容选择制作上具有能够帮助用户塑造、巩固个人形象的作用。其次，此类视频在创作的初期能够满足用户想要帮助他人成长、教化他人的心理。比如，用户个人在公众社会面前想树立一个思想健康且博学多才、爱好读书的人物形象，那么短视频平台便会通过后台的大数据计算优先对其推送此类型的短视频。当用户发现此类短视频符合自身内容设定及需要后便会主动地去进行转发、传播的行为。用以达到用户思想共通、内容共享的心理预期设定。

另外，此类短视频在其内容文案上的设定和配乐的选择上要能够保证在前三秒便留住用户。根据短视频平台的推荐原理，整个视频的完播率、点赞数很大程度上决定了这个视频是否会继续推荐给更多的人。以抖音短视频平台为例，目前每天都会有上万个新的视频词汇进入历史的视频流中，用户在选择与筛选的过程中，以图片展示为主导的短视频内容会因其内容简单、主题明确的特点，更加容易受到用户们的喜爱或被用户们选择。

（2）vlog 类短视频。

vlog 中文名为微录，是博客的一种类型，全称是 video blog 或 video log，意思是视频记录、视频博客、视频网络日志，源于 blog 的变体，强调其时效性，vlog 类短视频作者以影像代替文字或相片，以写个人网志的形式上传影像并与网友分享。vlog 类短视频因其自身具有快节奏的剪辑思维，所以在观众用户的兴奋点还没有消散前便会及时地填充新的内容。以这种剪辑思维为主体来进行创作的 vlog 型短视频通常会配合长镜头和碎片化镜头的穿插使用，以此来维持用户的观看兴趣。vlog 类短视频的画面质量较高，在清晰度、灯光及调色上表现得尤为明显。vlog 类短视频的特点也特别鲜明，它的特点包括：① 以记录生活为主要内容。vlog 类短视频中记录的内容可以是一次旅行、一次聚会、一次游戏等。这些都可以成为短视频中重要的素材。② 独特的个性化表现。首先，vlog 类短视频中视听语言的使用是与影视剧视听语言有区别的。vlog 类短视频的视听语言使用要更加具有生活性，要减少戏剧性的主观创作。在声音元素的选择和搭配上会更加追求真实感与代入感，不会为了表达而进行刻意的煽情。其次，vlog 类短视频中人物设定与选择上都充满了真实性与共同性，让用户在观看时会不由得想到身边的某个人，进而可以达到心理上的共鸣，进一步加深与用户观众的黏性。③ 创作门槛较高。vlog 类短视频在设备需求上要高于普通短视频。在拍摄过程中不仅需要使用摄影机，还需要如智能云台等设备的辅助。同时，vlog 类短视频在前期的筹备阶段与后期的剪辑阶段上也需要创作者具备与此领域相关的思路与创作手法。④ 领域内的审美区隔。在短视频的审美领域中，vlog 类短视频在表现上会更重侧于自然真实和现实存在的记录。通过旅行、游记解说、学习过程记录等内容来反映出当代人的生活状态以及对生活的认知。因其表现内容的特点，所以 vlog 类短视频在整体的受众上具有明显的区分性。

（3）采访类短视频。

采访类短视频在创作方面的内容大致可以分为人物专访型短视频和街访路人型短视频。在观看短视频时不难发现，短视频内容中真正受欢迎的其实很多都是一些贴近生活的视频，做的都是一些真实的内容，所以街访路人型短视频是很有受众的。街访路人型短视频顾名思义就是在街头采访路人，通过街头路人的反映来展现某些情景下人们真实的反应和回答，因为这一类的视频中经常会出现很多有意思的梗（笑点），所以很受人们的欢迎。在创作采访类短视频时，需要创作者抓住此类短视频的特点。

首先，在话题的策划上需要具有特点。比如春节前夕在街头采访外国人，询问外国人对中国传统节日以及相关习俗的认知与看法。要注意的是，在选取热点性内容时，不仅要关注其中的话题性，同时也需要有正面的、积极的导向作用。这样不仅可以更好地获得短视频平台推广的机会，同时也能够对社会大众起到正确的引导作用。创作者如果在选题上选择了一个很平淡寡味的话题，虽然可能属于社会热点，但是在进行采访时，采访对象很难针对这个话题输出一些能够引发关注的"热点"，那么这个话题就是一个失败的话题。欠佳的选题只会让采访步履为艰，并让节目没有什么引人关注的点。所以选题的好坏是至关重要的。

其次，短视频创作者需要在提纲的撰写和问题的设置上下足工夫。在采访类短视频中，最吸引观众的地方就是那些可遇而不可求的"神回复"，这些"神回复"可以为你的短视频争取到更多的推荐和点击量。但这些"神回复"不是信手拈来的，需要短视频创作者在正式开拍前列出提纲，并将可能的回答罗列出来，从而在现场引导被采访者得到"神回复"。同时，短视频创作者也需要注意在问题的设置上一定要言简意赅，紧扣主题。如果问题过大，受访者的回答就会过于发散，受访者面对这个问题时很容易会从多个维度来进行回答，最终可能导致回答不到重点上，这样也就让整个采访失去了原有的意义。

最后，在采访对象的选择和内容倾向性上需要有所注意。街拍对象的选择和拍摄不是随意进行的，最好选择那些个性鲜明、打扮具有标签性的受访者。但需要注意的是，在选择采访对象的时候，要根据他们的长相、气质来推断他们的职业、性格，以及这些人是否愿意接受采访，因为只有愿意接受采访的人才会认真地回答问题，同时他们在表达观点时思路也较为清晰。在受访者的选择方面，要注意：脚步匆忙的不要选，有偶像包袱的不要选，眼睛飘忽的不要选，表情凝重的也不要选。在内容倾向性方面，创作者需要注意：选择正能量的内容，因为它们能削弱不良的社会氛围。同时，在传播过程中，正能量的话题更能激发起人们转发、点赞的热情。

（4）剧情类短视频。

此类视频在所有视频里面是拍摄成本最高的，需要有团队的共同协作，要有各种演员来分饰各种角色，最终组合成一个剧情。该类视频需要前期文案筹备工作、中期拍摄调度工作、后期视频剪辑工作，一般剧情类原创视频制作出品的周期长，但是易于被用户观众所接受，有较大概率能打造出热门IP。剧情类短视频大致的分类如下：

① 抒情情感类。

代表账号："故事叔"（抖音平台）。这类创作者在短视频平台虽然不算粉丝大号，但是都具有较强的识别度，整体制作水平比较精良，"场景、服装、化妆、道具"以及演员表演追求的是影视剧级别的真实动人。和受众互动的地方体现在情感选题上，让人有代入感。此类短视频的故事数量较多且大多没有连续性，大多采用旁白配音和大量升格镜头的方式，文案在内容上较为文艺或朴实，大多演绎的都是独立的小故事，这样的好处在于观众单看每条短视频时不会将它们理解成连续剧，可以表现故事的完整性。但是单独的故事很难保证每条短视频的制作质量稳定和统一，所以一般为了稳定用户观众标签，这类账号都保留同样的演员阵容进行长期出演，达到观众看到这些演员就知道这个账号的效果。大体上这类账号视频的故事属性较强，而在商业植入内容上表现一般。

② "无厘头"魔性类。

代表账号："霸王别急眼"（抖音平台）。这类短视频在创作内容上，剧情的占比不算重，能够吸引用户观众的部分往往体现在演员自身无下限的表演，轻快"魔性"的音乐配合视频画面使人过目难忘。这类短视频的内容，剧情往往是"无厘头"表演。此类短视频创作的内容表现多为脱口秀、音乐、舞蹈等多种内容的融合，在内容表现上较为夸张，体现"无厘头"。这类短视频创作者在商业植入上很优秀，可以将广告内容演变为主题内容来制作视频，同时又不会使人感到突兀。

③ 悬疑分析类。

代表账号："叶公子"（抖音平台）。这类短视频在内容形式及文案主题上比较明显，内容故事性较强，一般的情节安排为：开头出现问题，主角产生怀疑，随后其侦探分析式地进行破解或者巧妙地应对，在这些过程中配以急促的音乐加剧矛盾，最后反转结局。此类短视频本身容易让用户观众产生观看的欲望，在视频剪辑的节奏上较快，伴随快速切镜转场，既满足观众对剧情上的需要，又满足了其对好奇心的需要。此类短视频在创作上具有一定难度，其难度体现在创作剧本文案阶段，前期编剧要撰写出合适的台词及合乎逻辑的场景事件。另外，在中期拍摄制作阶段，对摄影师及演员的调度工作较为复杂。同时随着侦探分析的进行，需要穿插大量特写镜头，通过细节的表现来增加推理的可信度。目前这类短视频创作者创作的内容拥有长久的商业价值，因为此类型短视频在故事剧情表达上拥有相对完整性，所以在商业内容植入上比较有市场。

④ 甜宠恋爱类。

代表账号："丸子同学"（抖音平台）。这类短视频多从男女生单一角度出发讲述，在视频中表现出或甜美、或伤感、或温馨的情感故事。从创作内容的角度审视此类短视频，其更倾向于"韩式偶像剧"。通常这类账号比较偏重于真实情侣间的互动，重点通过近距离的靠近和肢体接触，表现男女间怦然心动的瞬间。

（5）手绘类短视频。

代表账号："Aurora 手绘"（抖音平台）。手绘类短视频的制作可以由一人单独完成，虽然制作上对人力要求较低，但是想要做好需要有一定的技术含量。手绘视频因其呈现方式新颖，受众群体区间距离不大，所以在短视频平台上也有很广泛的受众群体。

（6）真人解说类短视频。

代表账号："毒舌电影"（抖音平台）。此类短视频中以影视剧解说类短视频最为火热。影视剧解说类短视频因其可以在短时间内清楚介绍一部或一段影视的相关内容，所以在短视频平台上拥有众多的观众用户支撑。影视剧解说需要在有限的时间内讲好一部电影或一段电视剧剧情的同时，也需要创作者加入自身对相关内容的理解与主观评判。此类短视频能够有效地分析和讲出影视剧中的重点内容，从而更好地让观众了解剧情和热点话题。

第二章

内容为王，聚攒人气：短视频的策划

第一节　策划先行，提升价值

短视频策划的内容是：在精准定位短视频领域后，根据短视频用户的不同需求和喜好，对短视频内容的选题领域定位和核心价值进行全面分析。短视频内容策划受内容信息来源、艺术表现形式、播放平台和用户消费情况等各方面的因素影响。因此，短视频内容策划需要包含详尽的、综合性的分析论证过程，并最终形成一个可行性强、符合主流价值观的策划方案。

短视频的内容策划方案主要包括选题策划、账号策划、脚本编写、主题价值观塑造、拍摄计划、分工明细、系统整合流程策划。

一个完整成功的短视频内容策划需要有自己的创新点和要求。短视频行业的竞争日趋激烈，这样激烈的竞争主要体现在短视频内容策划方面。在短视频制作水平相当的情况下，内容策划的好坏往往能决定这个短视频占领行业市场的比重。

一、短视频选题策划依据、模块、流程

（一）短视频内容定位要求

5G 时代下，互联网技术发展日新月异。互联网科技也在悄悄地改变着我们的生活，给我们的生活带来便利的同时也影响着我们思考问题的方式。短视频作为影视化的作品，其输出的视觉思维画面和听觉思维声音共同作用，促使人们快速接受这样短、频、快的影视化思维方式，而抛弃原本复杂烦琐的文字形式。受众之所以能接受新一轮的思维方式的转换，是因为受众接受了短视频独特、新颖的表现形式。短小精致又不失丰富内容的短视频成为了受众的新宠儿，甚至一个优秀的短视频的内容在短时间内会被大量地模仿、复制和传播。

新媒体短视频在近几年的发展中，为了争夺更多的市场，在内容制作方面存在过度娱乐、低俗媚俗、素材侵权等违规违法问题。虽然，近年来国家针对性地提出了相关的网络安全法规，但是，现有的短视频算法对平台用户分类和内容的审核依旧存在问题。要想从根本上保证短视频内容合格，需要从短视频的内容策划入手。

倡导主流媒体价值观是对社会主义核心价值观的贯彻、丰富和体现，是媒体从业者需要遵守的基本职业道德，要求短视频节目制作人和导演将"以人为本"的思想与短视频制作的专业化相结合，将对当代中国的社会文化和道德建设起到积极的作用。当代中国经济体制改革和社会结构的变化以及利益格局不断变化，消费主义、唯物主义之风盛行，在这种背景下，传统大众传媒和新型网络媒体的信息传播范式被重构，媒体与受众的基本关系因此发生调整和变化，真实的舆论环境对节目制作和播出也产生了一定的影响，使其行为发生了明显的差异。在舆论多层次、多类别、多元化的形势下，短视频创作者和短视频用户树立正确的舆论引导意识是十分必要的。

短视频《主播说联播》，在文化价值取向方面，把握跨越古今、纵观历史，使用新颖的新闻播报形式，具有独特的视觉、语言、观念，且具有趣味性、轻松、搞笑、思辨的特点，避免了编剧的枯燥，以《主播说联播》为代表的人文类短视频的文化导向意识十分鲜明，力求在轻松愉快的氛围中给观众带来更多的文化滋养。

案例：《主播说联播》请扫码后搜索观看

习近平总书记在第十九届中央政治局集体学习中提出："党的十八大以来，我们坚持导向为魂、移动为先、内容为王、创新为要，在体制机制、政策措施、流程管理、人才技术等方面加快融合步伐，建立融合传播矩阵，打造融合产品，取得了积极成效。我们要立足形势发展，坚定不移推动媒体深度融合。传统媒体和新兴媒体不是取代关系，而是迭代关系；不是谁主谁次，而是此长彼长；不是谁强谁弱，而是优势互补。从目前情况看，我国媒体融合发展整体优势还没有充分发挥出来。要坚持一体化发展方向，加快从相加阶段迈向相融阶段，通过流程优化、平台再造，实现各种媒介资源、生产要素有效整合，实现信息内容、技术应用、平台终端、管理手段共融互通，催化融合质变，放大一体效能，打造一批具有强大影响力、竞争力的新型主流媒体。我多次说过，人在哪儿，宣传思想工作的重点就在哪儿，网络空间已经成为人们生产生活的新空间，那就也应该成为我们党凝聚共识的新空间。移动互联网已经成为信息传播主渠道。随着5G、大数据、云计算、物联网、人工智能等技术不断发展，移动媒体将进入加速发展新阶段。要坚持移动优先策略，建设好自己的移动传播平台，管好用好商业化、社会化的互联网平台，让主流媒体借助移动传播，牢牢占据舆论引导、思想引领、文化传承、服务人民的传播制高点。从全球范围看，媒体智能化进入快速发展阶段。我们要增强紧迫感和使命感，推动关键核心技术自主创新不断实现突破，探索将人工智能运用在新闻采集、生产、分发、接收、反馈中，用主流价值导向驾驭'算法'，全面提高舆论引导能力。推动媒体融合发展，要统筹处理好传统媒体和新兴媒体、中央媒体和地方媒体、主流媒体和商业平台、大众化媒体和专业性媒体的关系，不能搞'一刀切''一个样'。要形成资源集约、结构合理、差异发展、协同高效的全媒体传播体系。没有规矩不成方圆。无论什么形式的媒体，无论网上还是网下，无论大屏还是小屏，都没有法外之地、舆论飞地。主管部门要履行好监管责任，依法加强新兴媒体管理，使我们的网络空间更加清朗。"

传统媒体和新兴媒体相互影响，取长补短、互动交融，形成了良好的影视媒体生态环境。长久以来，传统媒体在发展中克服的困难和取得的成绩都给新媒体发展带来了很多启示。从另一方面来说，新媒体用户一出现就井喷式地增长，新媒体短视频依托于互联网技术发展、庞大的用户群体和"病毒式"的传播速度，给传统媒体产业带来了巨大的冲击。传统媒体借助新媒体的网络生存空间，将内容移植到新媒体短视频上，进行二次、多次传播，以期达到高效率的传播效果。比如中央电视台每天晚七点播出的《新闻联播》节目和新媒体短视频《主播说联播》，《新闻联播》是传统的电视节目，每天在固定的电视频道和固定的时间播出。而短视频的《主播说联播》作为《新闻联播》节目在互联网上的延伸，满足了受众用碎片化时间看新闻的需求，主播接地气、情绪化、生动地说新闻更能让年轻的网络用户接受。虽然短视频《主播说联播》在虚拟网络平台播出，真实性和权威性不如《新闻联播》这样传统的电视节目强，但是短视频《主播说联播》直接选择《新闻联播》的主持人参与拍摄，利用《新闻联播》主持人在全国的知名度、权威性和严肃性将原本一个网络新闻短视频的新闻性提升到了一个新高度。

传统媒体节目和新媒体节目同步改革发展也成了现在影视媒介融合的主要发展方向。新媒体短视频内容与传统媒体节目融合，有效规避了网络平台在视频内容审核上的不足。传统节目引领新媒体短视频制作内容规范化，新媒体短视频推动传统媒体产业深化改革与发展，最终呈现出百花齐放的现象。

（二）建立短视频内容选题库

2020 年 9 月 29 日，中国互联网信息中心（CNNIC）发布了第 46 次《中国互联网发展状况统计报告》。报告指出，截至 2020 年 6 月，我国网民规模达到 9.40 亿，其中短视频用户为 8.18 亿，占网民总体规模的 87.0%。在互联网普及率、短视频用户规模逐年提高的背景下，自媒体短视频数量正以爆炸式的增长速度充斥着各大网络媒体平台，并出现了许多热门的短视频作品。例如，一位名为"回形针 PaperClip"的自媒体科普短视频博主，他在 2020 年 2 月 2 日发布了一段名为《关于新冠肺炎的一切》的短视频。这部短视频迅速占据"微博""BiliBili"和"知乎"等平台的热搜榜，席卷整个互联网。两日后，短视频《关于新冠肺炎的一切》在全网播放量达到 1 亿次，单在微博上就获得 70 万转发、8 000 万次播放。

案例："回形针 PaperClip"《关于新冠肺炎的一切》请扫码观看

《关于新冠肺炎的一切》这部热门的短视频作品在内容创作上展现了短视频的独特魅力，10 分钟的视频分为"感染""传播""口罩"和"勇气"四个章节，阐述了肺炎病毒的机制、传播途径和发展过程。自 2020 年 1 月初以来，随着新冠肺炎疫情的逐渐蔓延，全国笼罩在阴霾之中。公众的注意力自然而然地转移到了抗击"新冠"疫情的各种媒体信息上，一时间，有关疫情的真相和谎言充斥着公众的眼睛，人们渐渐变得迷茫、焦虑甚至愤怒，最终对这种流行病毒感到恐慌。回溯回形针团队以往作品的选题，他们一直是不愿追逐热点的，但这次他们选择了"疫情"这一绝对核心的热点，并克服重重困难，以绝对的冷静和克制，将疫情数据传递出去。利用详细的、可视化的分析，通过视频清晰呈现出来的逻辑，给公众打了一剂强心针。

从选题的角度看，这部优秀作品完全跳出了目前搞笑娱乐内容同质化的短视频工厂生产线。正是因为他们选题鲜明、别具一格，不随波逐流，才能够吸引当下处于审美疲劳状态的公众的目光。

《关于新冠肺炎的一切》虽然是一个简短的科学视频，但既然是科普视频，呈现的内容就不仅要准确无误，还要让公众理解，这就对短视频的创作提出了很高的要求。因此，"回形针 PaperClip"团队在文案创作方面，主要从政府权威报道、学术期刊等信息收集中寻求灵感。这种优秀的信息收集能力为短视频的真实可信的叙事风格奠定了基础。围绕这项工作，课题组查阅了前期疫情各方面的大量资料，对整个事件进行了划分，并通过问题分析得出了相关结论。这种逻辑推理的过程，就是引导公众逐步厘清真相的过程，这既是文案的精髓，也是全片的亮点之一。比如在短视频的第三部分，论证的结果印证了频繁洗手、戴口罩是预防病毒感染的有效措施的结论，增加了对公众的说服力和引导力。在第四部分，课题组在现有数据的基础上对突发事件的病死率进行了假设，并结合湖北省医疗资源紧张等现实问题的实际情况，最终他们得出病死率在 1.1%左右的结论（当时的短视频观点）。清晰的逻辑论证，有助于公众更加客观地认识疫情，减少对感染和死亡数字产生的新的恐慌。这部短视频的另一个亮点和难点是将文本中的高密度数据信息可视化，使得视频内容的密度高于文本的密度。该团队采用的方法包括设计模拟器、构建三维动画模型场景和参考真实视频材料。比如在短视频中，该团队通过 3D 动画场景对病毒细胞进行建模，让公众清晰直观地了解到病毒的传播机理。在短视频中，他们提到了一个家庭感染病毒的案例。团队采用可视化的动态数据表，生动地传达了病毒人际传播等方面的研究结论，整部短视频将枯燥的数据通过画面直观地展示给观众，将复杂的科学机理具象为公众能够理解的问题，进行有效准确的诠释和灌输。在短视频的结尾，一句"人类的赞歌是勇气的赞歌，希望我们在 2020 年都能有更多的勇气"唤起了公众对抗击疫情这一主题的共情，升华了整个短视频的主题，无疑是画龙点睛的一笔。这也是目前短视频创作中缺乏的重要内容。

二、短视频内容策划调研分析

（一）短视频用户画像

受众消费文化产品的同时也考验着文化产品。随着生产力的提高，文化产品的种类和数量呈现爆炸式的增长，受众有了更多的选择和更高的要求。受众的认可即代表市场的需求，因此，在激烈的市场竞争中，打造优秀短视频的首要任务就是做出准确的产品定位和做好用户画像，用户画像的内容一般包括独特的观点、理性的分析和深度以及新鲜而独特的线上线下互动游戏。产品定位的关键是目标受众。基于网络媒体平台丰富的数据资源，可以观察到受众已经具备一定的信息沟通能力，对短视频的决策参与和软性特色信息有很大的需求，渴望新奇和变化，不愿意落后于最前沿的流行文化。以《晓松奇谈》的用户画像为例，该节目有着特定的受众定位，服务对象是求知欲望强烈、热爱真理的人群，观众中男女比例分别为 54.3% 和 45.7%，年龄段为 16 至 39 岁，这个群体对人类历史知识有着浓厚的兴趣，职业为学生和年轻白领，总体知识文化素质水平较高，同时也是网络媒体受众的主要人群。

（二）短视频网红账号设置

从理论上讲，只要条件成熟，任何网民都有可能成为网红。因此，在内容制作方法方面，对那些网红级账号是没有施加任何限制的。因此，网红名人账号一般只有两种制作方式，即普通用户制作（UGC）和专业化制作（PGC）。

1. 用户个人生产

UGC（User-Generated Content）是指普通用户生成的内容，是 Web2.0 时代以来流行的一种内容制作。而"第三次浪潮"是以用户为导向的内容生产。在短视频平台，账号要想达到网红级别，其创作者通常都比较活跃且是优秀的短视频高手。这些人通常没有专业的团队支持，内容完成主要靠个人努力，但他们所具备的能力或特点可能会引起广泛的关注。事实上，短视频平台上的很多网红都是靠个人努力并通过时间的积累逐渐成为知名网红的。与此同时，大多数网红创作者几乎完全通过优质内容接触粉丝，因为只有不断制作优质内容才能吸引和保持"流量"。从这些制作者的用户特点来看，他们通常是年轻一代，他们思想解放、思维活跃、喜欢娱乐、有着独特的追求，这些特点使其能够更巧妙地运用短视频来表达各种个人或对社会的情感，他们的作品也更容易赢得人们的喜爱。

然而，UGC 制作模式所带来的一个突出问题是产出的内容质量参差不齐，即无法保证其高而稳定的内容的原创性和进行高质量的输出。与网络红人相比，绝大多数普通 UGC 制作型用户只是把短视频当作自己生活的记录本，并不在乎点击率，也不在乎能否成为所谓的网络红人，所以对内容质量的优化并不会特别重视。因此，对于平台而言，UGC 内容的自然分散性和现象学特征可能会在短时间内为平台疯狂增加用户数量，但缺乏持续的高质量内容生产能力，导致用户黏性差，无法满足大多数群体对内容质量的稳定需求。

2. 专业团队生产

PGC（Professional Generated Content）是指依靠专业的内容生成团队，甚至以企业的方式生成内容。通常，PGC还包括一个依赖其专业知识和能力来制作内容的专业人员。

UGC制作模式有其自身的缺陷，特别是随着受众信息消费需求的不断繁荣和关注度的不断下降，只有那些制作专业、质量高的短视频才能在短时间内满足受众的信息需求，同时还具有很强的吸引力，市场前景广阔。因此，无论是对于具有专业知识或能力的短视频用户，还是对于短视频平台运营和发展的需要，PGC制作模式都有其存在的必要性，双方都一拍即合。

"天下大事必做细"，PGC的背后，往往是一支专业的视频创作、拍摄、制作团队，一些团队在垂直内容领域也有着非常细腻的操作能力，这些精英团队不断精耕细作，很快实现了其PGC粉丝账户数量的疯狂增长，成为用户平台的老大，获得了广泛的关注，瓜分了巨大的关注度，收获了大量流量，最终成为网络名人账号。

当然，一些网红账户可能经历了内容制作模式从UGC向PGC的转变。比如著名的网红"PAPI酱"，其自画像原本是出于个人兴趣，后来逐渐获得粉丝和媒体的关注，成为一个网络名人。最终，她获得了投资者的关注，一度成为超级网络名人。此时，"PAPI酱"建立了自己的专业制作团队，进入了内容专业制作和商业实现的个人品牌化阶段。也就是说，有商业目标的网红只有通过不断地专业化生产，不断丰富内容和形式，拓展内容改编场景，进而扩大目标用户，才能获得更大的商业利益。这一切的基础仍然是网红账号必须有连续和专业输出的精品内容，才能收获更多潜在的消费群体，增加粉丝的贴心度，提高转换率，甚至成为流行的IP账号。

案例："PAPI酱"主页及其作品请扫码观看

（三）短视频粉丝团队开发

缩短短视频的发布时间间隔，可以提高粉丝将短期情绪转化为长期情绪的"物理在场"时间，使短视频的发布形成有节奏、稳定性强的"情感连接"。短视频的及时更新可以保证短视频制作用户的强大生命力。而长时间的不更新视频，粉丝们便会逐渐忘记制作人或取消关注。因此，保持更新频率也会使粉丝养成观看短视频的习惯。例如，制作方可以在中午或晚上粉丝的活跃时间发布视频，提高互动率，让粉丝对短视频有强烈的期待感。制片人也可以用物质奖励来吸引粉丝。例如，粉丝在短视频下发表的评论数量或收到的赞数都可以在截图中捕捉，以换取一些物质奖励。

柯林斯认为："使一个仪式成功或失败的最核心特征是相互关注和情感联系的程度，而这种程度通过身体集中变得更容易。"在网络空间中，人们的"身体聚集"是虚拟的，无法达到"身体存在"的效果。因此，除了与粉丝在线互动外，短视频制作人还可以进行线下沟通，增强粉丝的"圈内人"意识。线下互动可以加深制作者与粉丝之间或粉丝之间的情感交流，更好地了解彼此的想法，从而促进短视频内容质量的提升。首先，要充分调动粉丝线下交流的愿望，做好宣传，主动提供线下互动场所和物质支持。也可以利用"铁粉"的超黏性和多动性，带动一些低活跃度的粉丝。其次，要明确界定活动的价值。线下活动必须符合粉丝的价值观和展现与视频内容相关的主题。也可以联系一些主流媒体对活动进行支持和指导。最后，生产者可以利用线下互动的机会，推广和宣传短视频，推动电子商品品牌的建设和发展。

在短视频的传播过程中，制作人与粉丝之间单一的互动仪式所带来的情感体验是暂时的。短视频结束后，互动仪式也将结束。如果不参与下一次互动，上一次互动仪式积累的"情感能量"就会逐渐耗尽。因此，要在短视频的传播过程中形成良好的群体互动，最关键的是在互动评论和留言中注意"制作人的回复"这一环节，从而提高粉丝的"情感体验"。首先，要注意评论的对象和私信回复。因为有的制作用户粉丝多，甚至高达数亿，面对数以万计的留言和回复无法做到一一回复，所以制作主体要选择性回复，尤其是对新粉丝和更多正面内容的回复。其次，尝试着"做"一个粉丝。制作者可以特地把一些有很大影响力的粉丝当成关键粉丝，双击点赞他们的短视频以表达对他们的持续关注。最后，做好粉丝社区的维护工作。一些短视频的制作人也建立了粉丝群，在粉丝群中，他们需要与群内的粉丝进行更多的沟通，比如及时发布新的视频链接或者发一些红包，增强粉丝群体的"团结感"。

三、短视频内容策划价值效果

（一）短视频低俗内容大流行

在"人人传媒"的时代，"UGC+PGC"的短视频制作模式主要基于大数据的智能推送。算法推荐能根据受众的观看时长、偏好等因素对受众推送信息，从而提高传播的有效性和针对性。智能算法推荐虽然方便了人们查找同类内容，丰富了用户的选择，但也给用户带来了许多额外的负担。比如：该算法的智能推荐不仅会使观众忽略短视频的真、假、善、恶，让劣质信息层出不穷，而且会使其花费更多的额外时间观看同质的内容。在一定程度上，算法推荐会使受众搭建信息茧房的情况变得更加严重，限制了受众的兴趣和思维，会导致受众过度依赖和沉迷于碎片化、泛娱乐化的信息。短视频平台虽也推出了相应的青少年模式来缓解这些问题，但短视频的问题防控措施不能仅追求在技术层面的完整性，还需要从内到外地治理。算法推荐技术也需要以正确的价值为指导。

从短视频的制作者来说，娱乐元素是短视频表达中的重要添加剂。短视频的来源主要是"UGC+PGC"，其中"UGC"基数较多，"PGC"相对较少。UGC 的制作模式极大地激发了短视频的娱乐生产力和创造力。UGC 制作的内容涉及面很广，如搞笑视频、歌舞表演、宠物生活等，都与观众息息相关。热门内容更能引起共鸣，带有强大娱乐元素的短视频更有可能吸引观众，带动流量。用户在线观看短视频的主要目的之一是满足他们在线观看短视频的娱乐需求，充满快乐色彩的短视频可以缓解用户紧张的情绪和释放压力。

从心理层面看，由于人类与生俱来的好奇心和窥探欲，在这种行为的实施过程中，当人们看到被窥视者的一些尴尬或愚蠢的行为时，往往会从嘲弄中得到比被窥视者优越的心理感受，这个原理适用于网络短视频。一方面，人们通过镜头扮演窥视者的角色；另一方面，演员也会进行一系列的行为来吸引观众。对于短视频来说，"笑点"起着非常重要的作用。对于用户来说，这是缓解日常生活压力的方法之一。对于短视频的创作者来说，这是他们提高知名度、进行自我经营和营销的有效手段。因此，娱乐元素在短视频中扮演着重要的角色。

然而这也导致了大量以纯粹娱乐为目的的短视频的出现，导致了短视频的泛娱乐化。中国社科院新闻与传播研究所研究员对媒体的泛娱乐化持权威观点。他们指出，媒体的泛娱乐化包含两层含义：一是主流、严肃的新闻娱乐化趋势；二是泛娱乐化是无规模的娱乐化表现，短视频的娱乐化元素是用户使用短视频的初衷。然而，这并不意味着任何形式的娱乐都能被用户接受。盲目追求搞笑，只会引起用户的反感，使短视频的内容肤浅空洞。

在短视频平台中，用户既可以是短视频的制作者，也可以是短视频的收看者。两个角色边界的模糊增强了用户对短视频的参与感，各种互动行为增强了短视频的社会属性。用户不仅可以浏览他人制作的短视频，发表评论和"点赞"，还可以为自己的视频"点赞"，享受与他人分享的快乐和成就感。来自世界各地的用户在评论区留下他们的想法，这样用户可以看到他们的想法差异，并同时表达自己的意见。他们还可以通过私信、连麦等方式相互交流，增加情感交流。网络短视频中的各种特效技术也为用户增添了乐趣，平台用户可以利用特效进行创意拍摄。特色视频还可以引起其他用户的模仿，增加交流互动的形式，激发用户的兴趣。

同时，短视频中的互动行为也应符合适度原则。一方面，对于作为接受者的用户来说，过度或不当地使用短视频的互动功能，会分散用户大量的时间和精力。因此，为了保持这种交互性带来的成就感，用户的视觉更容易受到短视频内容的影响；或思维问题往往变得片面狭隘；或与自己的思想形成矛盾和冲突。激进行为也容易在网上引起骂战。另一方面，作为创作者，过于注重与受众互动的用户往往会对自己作品的标准失去控制。因此，过分下意识地向受众发表意见和建议，在一定程度上可能违背创作者创作短视频的初衷。

综上所述，利用短视频强大的社会属性容易增加用户黏性，增强用户参与度和积极性。但是，创作者很容易盲目跟风，盲目追求"普通人"。把普通人变成网络名人是一种典型的表现，大量的粉丝在短时间内投入了更多的关注，导致了普通人形象的"闪红"和"闪崩"。

（二）短视频正面价值体现

从主客体关系的角度看，马克思认为："他们把有用性归于对象，好像有用性是对象本身固有的一样。羊的用处之一是它是人们的食物，尽管它可能并没有想到。"马克思也指出："事物的有用性使事物变得有用。但这种有用性并非悬而未决。它取决于商品体的性质，没有商品体就不存在有用性。因此，商品本身，如铁、小麦、钻石等，就是使用价值，即财产。"互联网的出现，使得传播者和受众在通信中的角色界限逐渐模糊。短视频用户是短视频使用价值的主体，既是短视频的传播者，又是短视频的观看者。短视频的用户层次和维度广泛、制作内容多样。用户既可以自由上传视频，借助声音和画面来表达自己的想法，也可以利用多种形式直观地分享和传达不同的思想和概念，比如唱歌、跳舞等具体表现形式。用户使用短视频平台的过程中，总能在海量的信息传递和周期性的变化中找到符合自己情感和意志的内容，从而满足自己的需求。在满足用户需求的最后一个周期，用户对短视频的满意度逐渐降低。但当一个新的风向标出现时，短视频又会突出受众需求中"有用性"的一面，满足用户的新需求，不断保持一个又一个生物周期的更替。

在主观边际效用递减规律中，人们对"满足"的欲望在持续消费中呈现递减趋势。然而，短视频短小精悍，以量取胜，用户在海量短视频中浏览和切换不同的兴趣点。而被替代者的边际价值则是通过不断的刺激点和被替代者的边际价值来实现的。这也是短视频用户沉迷其中的原因之一。短视频的娱乐化特性可以满足用户的娱乐需求，用户在短视频中追求娱乐性和使享受最大化，但这样是很难使大量的、各种各样的兴趣和欲望得到满足的。它弱化了边际效用的作用，从主体的角度显示出更多的使用价值。边际效用因子虽然具有强烈的主观唯心主义色彩，但它也从另一个角度承认了使用价值主体的作用。

短视频使用价值的客体特征体现在其与短视频主要因素的相关性上，也就是说，短视频的价值体现在影响用户的过程中。因为它的产生是基于互联网技术的，所以它不同于食品、煤炭这类物体，不具备各种天然能源的特性——比如生化能、机械能等。短视频虽然不具备各种自然能的特点，但它能为使用价值主体的用户产生实用有效的具体动作形式。比如，作为一个信息平台，不同的信息可以通过其传递给用户，并通过不同的信息传达给用户不同的情感体验。这些都是短视频对作为使用价值客体的主体作用的具体体现，也是相对于使用主体而言的某种主体间性的存在。

在短视频用户的日常使用中，短视频以其自身的特点在社会中扮演着重要的角色。短视频以不同的方式进行展示，可以影响用户的生理、心理及其状态。有趣的短视频可以缓解用户紧张的情绪、放松神经、营造轻松愉悦的心理感受，使用户以更加充实和积极的态度面对生活，例如生活技能类的网络短片就可以起到示范的作用。短视频平台通过用户输入的不同的关键词，以高效的运行机制快速准确地定位用户所需的相关信息，引导用户方便地使用工具来获取所需信息。

从短视频的纵向运用来看，其拍摄的视频内容逐渐丰富，性质也从追求娱乐性转变为更为多样化的新型或亚型诉求。因此，从这些不同的方面可以看出，在网络时代的影响下，短视频在当今社会语境中获得了更大的发展空间。互联网上的一系列基础设施极大地促进了短视频受众的增长，扩大了短视频在这个时代的作用。同时，作为一种有益的反馈主体，人们对网络的广泛应用使得短视频有了更大的发展空间和用户群体。从媒体的角度来看，在互联网时代，高效的网络数据传输和数字计算机特效技术得到了广泛的应用，这个时代媒体的特点为短视频使用价值的发展提供了必要的条件。就网络时代网络空间信息媒体的整体性质而言，客观的媒介环境也深刻影响着短视频的发展历程和价值呈现。

第二节　富有故事，共鸣情感

一、短视频优质故事标准

优秀的文艺作品可以提高人们的审美能力。短视频创作环境的优化需要包含两点内容：一是号召专业创作者多制作高质量的短视频；二是构建短视频的生命美学。

目前，对于短视频的创作者来说，草根用户占了绝大多数。一方面他们往往没有经过专业培训，视频拍摄的方法和内容也比较随意；另一方面，网络名人"自媒体"在资本利益的驱使下，愿意制作一些"媚俗"的作品来吸引流量，这导致了视频质量参差不齐，有的缺乏审美价值甚至低俗。相对而言，专业媒体或有专业背景的创作者发布的视频质量较高。

因此，要诞生更多高质量的短视频，提高它们的审美价值，就应该有更多的专业媒体和创作者参与到短视频的制作和传播中来，用优秀的作品引领短视频的整体审美潮流。例如，2019年3月人民日报新媒体发布的《中国24小时》短视频，将中国各地日常生活的24小时浓缩成3分钟的短视频，不仅展示了中国的大江大山、悠久历史和现代化建设的新成就，也展示了中国人民为美好生活而奋斗的历程。视频一发布，观看纪录就被刷新了。视频中跳舞的片段不仅给观众带来了审美上的愉悦，也潜移默化地提高了受众的审美情趣。此外，在这个娱乐化的时代，尽管笑声正在逐渐取代思考，但我们发现让观众产生思考的视频依然令人难忘。如"PAPI酱"在各大网站上的一段关于性别歧视的短篇视频，就是一段关于女性问题的讨论，直到发布的四年后，仍有人不断挖出这段视频，重新审视性别歧视的危害。

此外，与长视频相比，短视频的一个突出特点是主要以小而真实的日常生活为表现对象。这一点从各视频平台的口号中可见一斑。例如：抖音短视频的口号是"记录美好生活"；二更视频的口号是"发现我身边不认识的美"；快手的口号是"在快手看到各种各样的生活"。根据生命美学的观点，"美的活动最深的源泉是真实的生活……在日常生活和非日常生活之间表现出一种形式"。短视频对人、物、情等生活审美价值的探讨，是当代最具代表性的日常生活审美实践。草根用户是短视频创作的主力军，他们拍摄的作品大多与生活息息相关。因此，要想构建短视频的生命美学，就需建立一套适用于短视频的审美标准，这是提高短视频审美价值的有效途径。抖音短视频创作者"燃烧的陀螺仪"是一个生活美学的实践者，这位视频创作者的作品以记录日常生活为主，但由于制作精良、剪辑丰富、节奏丰富，重要的是通过生活的细节展现了一个普通人对生活和工作的真挚热爱等特点，吸引了近千名追随者。作为一家航空公司的飞行员，他的大部分视频都是关于他的日常工作和下班后的情景。比如，他在 2019 年 6 月 10 日发布了一段 43 秒的短视频，内容是关于在家上班，带大家去看模拟中心的飞机模型，点赞数超过一百万。虽然视频内容很普通，但"打领带""坐电梯""刷卡"等生活中细节和"模拟机"的出现让观众感受到了生活的礼节和惊喜。正如视频中的一条评论所说："每一个'燃烧的陀螺仪'普通的动作都显示出热爱生活和工作的样子。镜头赋予生活中这些无关紧要的东西生命。记录和热爱生命是仪式的意义"。对于观众来说，他的视频不仅给观众带来了审美愉悦，也吸引了观众像他一样拿起镜头，记录日常生活中的仪式感，激发了观众对生活的热爱。这也是短视频生命美学价值的目的所在。

二、短视频故事的策划流程

本书认为，人类与自然界的其他动物最大的区别在于：人类可以讲故事，人类对故事有着天然的依赖。一种观点认为人类文明起源于篝火。在古代，当人们打猎回来时，他们会在火炉边分享食物，讲述当天的故事。所以人类的语言可能是从篝火诞生的，人类间的关系是通过讲故事和围绕篝火建立的。讲故事不仅是一门非常古老的技艺，而且这门技艺是永远不会丢失、永远不会过时、永远都是需要的，是人类社会与纯自然世界最大的区别。

讲好故事的第一步是故事策划，故事策划可以分为以下四个流程。

1. 第一个流程：确定内容定位

相比之下，选择特定于某个领域的内容要比创建一个多领域内容容易得多，也使传达更为准确。内容领域分割越来越明显，不能指望靠做一件事来取悦所有人。如果只是为了吸引目标受众，集中于单一领域可以比一个"宏伟"的计划更有效。简而言之，内容定位是一个三维需求，需要满足以下三点：第一是情感的维系和情感的寄托，比如，在进入传媒时代之前，有一本很受欢迎的杂志叫《知音》，它就像今天的视觉编年史一样，主要是为了满足读者的情感需求。比如现在很多人看电视其实不是为了获取信息，而是希望其起到陪伴自己的作用，《新世相》就拍了很多晚安系列，达到了一种陪伴的效果。又比如，友谊对一个人来说很重要，因此媒体便在友谊中扮演一个角色，虽然看不到，但它确实存在。第二是信息，获取信息是我们社会生活的首要任务，获取核心信息是我们永恒的需要。三是参与，创作者可以利用受众的心理来使用户参与传播。因此，创作者在策划中，必须有大量的用户参与内容定位的过程。

2. 第二个流程：策划意识

这一流程提供了一个更有价值的视角和传达信息的方式。以《新京报》采访的一篇关于宋小女的报道为例。因为宋小女不是本案的主角，她的前夫才是冤案的主角。但为什么每个人都被她的采访感动，因为一句"27 年来你欠我一个拥抱"。这一案例证明了记者能够很好地筛选信息，这就是策划意识。又如，腾讯发布的视频——《职场 PUA》。职场 PUA 是一个相对笼统的概念，但从一个新的角度来探讨这一问题，它是 PUA 概念在工作场所的延伸。因为 PUA 一词现在没有明确定义，所以在选题策划过程中，需要做大量的调研，并采访了许多专家，让他们分析工作场所的 PUA 是什么，这也是策划意识的体现。

3. 第三个流程：策划逻辑

策划逻辑主要有四点：一是寻找热点话题、与人们共同兴趣密切相关的兴趣点。很多创作者在做内容的时候会绕很长一段路，因为他们总是从人物故事开始，而往往忽略了人物故事与观众之间的关系。二是策划中必须有受众参与的部分——无论是讨论、互动还是转发，都必须对受众有一个开放的空间，而不是让策划的作品占据了所有的信息渠道。三是信息必须简单，因为只有简单的信息才能传播得更远。但本书不主张为了传播得更远，而把事情过分简单化。四是感情上的共鸣，从采访者的角度可以清楚地感受到事件传达的情感。因此采访者的策划和选择都非常重要。

4. 第四个流程：运营和分析

在账户的背景中存在很多详细的数据。第一个关键点是显示点击率，例如，该平台有 100 人的界面显示创作者的作品封面和标题，但只有 10 人点击进入，这是显示点击率。这个数据很能说明创作者的标题、封面和主题是否与受众相符。第二个关键点是作品前30 秒的完成率，它可以说明开场内容的优劣，告诉创作者应如何与观众建立产生共鸣，如何吸引他们观看。第三个关键点是评论和点赞数。许多平台的算法是高度重视评论的。因此，在进行运营策划时，一定要重视评论区，要尽可能及时进行回复。而且很多时候评论比内容更重要，很多用户是看评论，而不是看内容。例如，"网易云"音乐平台（因为评论内容而被调侃为"网抑云"）最近非常流行。因为平台上很多评论都很经典，因此看评论成为用户获取信息的一种方式。

根据对运营数据的分析，可知有以下几种常用的短视频结构：第一，倒金字塔结构，前 30 秒的播放率会影响创作者视频内容的第二轮发布，所以一定要把最好的内容放在前面，不要把最好的内容藏在后面。第二，把最吸引人、最矛盾、最好的结构放在最前面。例如，对于一个时长 5 分钟的短视频，在开始时有一个结构设计，然后在 1 分钟、3 分钟和 5 分钟时各有一个分阶段的标志，引导受众参与。因为引导受众参与是非常重要的，所以创作者需要设计受众参与的方式，如现场表演或评论。受众参与之后，他们便会成为短视频的粉丝。第三，从粉丝的留存情况倒推内容定位。第四，"皮下"运营操作，即新媒体的角色设置，角色个性、语调和调侃评论都将成为内容的一部分。

三、短视频蕴含的审美情感

审美活动的每一个环节都影响着审美活动的变化情况。短视频的"热"反映了时代审美观念和审美活动的变化。这与审美语境、审美场域、审美媒介的变化密不可分。首先，短视频是在微时代的审美语境中产生和发展起来的。在日常生活美学和大众文化的审美语境下，审美主体的审美心理发生了变化，审美对象的范围也随之扩大。其次，从虚拟的"网络"审美场生成短视频。基于移动互联网和新媒体的当代审美场呈现出平等性、象征性和交互性的特征。最后，短视频的技术属性是区别于其他艺术形式的本体属性，这让短视频在生产、发展、创作和传播过程中呈现出新的审美特征。以上三点使得短视频审美活动呈现出不同于传统审美活动的新特点。本书所说的"快感美学"是指对短视频的审美鉴赏，它体现了带有娱乐化倾向的快感和时尚感，多重感官的快感刺激冲淡了精神美感。当然，必须指出的是，本书并不否认精神愉悦在短视频审美中的作用，从精神愉悦到功能愉悦的演变并不完全，但相对而言，功能愉悦的比重有所增加。

在讨论短视频的"快感美学"之前，我们首先需要区分两个概念，即快感和美学。快感可以分为物质的和精神的。生理愉悦是指生理上的满足感，德国哲学家康德称之为"快适"；精神愉悦则是指以身体愉悦为基础产生的精神愉悦。所谓审美快感，即"在满足生理和心理快感需要的基础上，具有一定的精神内涵"。可见，生理愉悦是心理愉悦的基础，因此审美快感的形成，应依次经历生理快感和心理快感两个阶段。美感是"以精神愉悦为主体的高度审美意识的体现"，是"审美愉悦基础上的升华"。

快感是美的基础，是审美活动的初始阶段，但审美快感中的感官快感总是被压抑甚至排斥的。以康德为代表的德国古典美学否定了感官知觉在审美中的作用。康德通过分析审美判断的"无趣性"和"无目的性"，将审美经验与日常经验、感官愉悦区分开来。此外，康德还把鉴赏和判断分为"感官鉴赏"和"反思鉴赏"。他认为只有对反射的欣赏才是真正的审美，而对感官的欣赏只是被动地接受外界的刺激，没有审美品质。因此，康德的"无功利"美学原则将"快乐"从美学范畴中孤立出来，影响了整个现代美学。

随着新媒体的出现、视觉文化的兴起和消费社会的到来，人们的情感得到了解放，视觉感知受到了人们的首要关注。在现代社会，人们对视觉形象的追求扩展了人们感性的维度。在传统审美时期，人们阅读文学作品时，主要通过想象头脑中的抽象词语来获得高级的精神愉悦。但在当代审美中，文学作品追求精神的超然和内心的精神愉悦不再被重视，无法满足人们视觉感官上的需要。电影的出现弥补了人们的感官欲望。电影比短视频持续时间长，可以给观众留下一个完整的审美过程，使其在视听愉悦的基础上达到更高层次的精神愉悦。然而，短视频作品更具直观性，其鲜明的特性使观众更容易接受信息。因此，就现在的短视频而言，观众对短视频的审美体验大多来自感官愉悦，精神愉悦所占比例较低。

为了争夺观众的注意力，短视频必须在进入观众视野后第一时间抓住观众的眼球。因此，创作者往往通过特效画面、剪辑速度或身体展示来增强视觉冲击效果。

（1）画面的奇观。短视频创作者利用道具和特效创造视觉奇观。比如抖音短视频创作过程中备受喜爱的"抖""幻觉"特效，又比如使用"烟"的特效——画面中的"烟"逐渐淡出，画面主体逐渐清晰。创作者运用富有象征意义的华丽特效，创造了一幅幅充满视觉冲击力的画面。

（2）速度的奇观。其中最具代表性的是流媒体短视频技术。技术流短视频图像是由摆渡开关实现的，如抖音达人"薛老湿"，便是国内技术流的推动者，其曾发布过一个"薛

氏变身"的短视频，在不到半分钟的时间内，展现几十个镜头，几乎每秒都是 2~3 个镜头的过渡，给观众带来一种由眩晕引起的加速感。

（3）身体的奇观。由于短视频集中在手机的小屏幕上，与电影屏幕不同，其显示的内容非常有限。因此，出现在小屏幕上的短视频通常以人体为主要画面，身体表现成为短视频内容创作的主导角色。例如，抖音短视频最早得到流行是因为音乐和舞蹈类作品。"希格林舞""拍骨灰舞"等流行舞蹈都是表演者以身体为媒介进行的表演，作品传播度高，引起群众跟风模仿，形成一种集体狂欢。值得注意的是，当身体暴露在聚光灯下，成为公众凝视的对象时，"身体"就不再只是一个人体，而是一个具有代表性意义的视觉消费符号。例如，许多创作者便是通过展示她们美丽的外表和曼妙的身姿来获得关注。

说到短视频的听觉冲击力，抖音"神曲"不得不提。抖音"神曲"是指抖音短视频平台上被用来作为背景音乐或以视频形式被分享的歌曲，因传唱度高而被称为"神曲"。这些歌曲由抖音短视频创作者使用并上传到平台，再被推广到全网平台，所以有很多以前没有接触过短视频的人也听过这些歌曲，比如《学猫叫》《我们不一样》。这些歌曲通常旋律简单，易于传唱。听了以后难以忘记，经常回荡在脑海里。

抖音"神曲"为何如此洗脑？从生理学的角度来看，这一现象可以用耳朵虫效应来解释，这个效应也被称为非自愿的音乐意象，即歌曲的某些部分在脑海中重现。这种现象发生在大脑的听觉皮层，是皮层对某些歌曲的反应被激活，从而引发认知性瘙痒，这是大脑中的一种异常反应，"神曲"会使这种反应在大脑中反复出现。

这些抖音"神曲"有一些共同点：旋律简单、歌词容易被记住，在短视频中作为背景音乐存在时，通常使用歌曲的高潮片段。为了让这首歌更受欢迎，创作者们经常用简单通俗的方式来设置歌曲高潮的旋律。当观众反复听到同一首歌时，他们对这首歌的记忆就会不断增强。这些原因使得抖音"神曲"刺激了大脑的音乐想象，诱发了观众的听觉愉悦，因此，一些"过气"的歌曲在短视频创作者的反复使用下，往往会成为"神曲"。

从视听结合的角度看，抖音短视频与抖音神曲是相辅相成的。一些学者总结了一些关于"音乐如何影响情感"的猜想，包括脑干反射、情感传染、情节记忆、视觉想象等内容。具体来说，听音乐会激活大脑的边缘系统，从而触发视觉表象，让人们将视觉表象与音乐联系起来，并产生与视觉表象相关的情感。这使得一些即使内容不太有趣的视频在音乐的渲染下也有了更丰富的表达。此外，视频内容与音乐节奏的协调对激发观众的视听愉悦感来说至关重要。"神曲"歌词的内容和节奏与视频图像的一致性和同步性更可以给观众带来审美愉悦。

在涉及艺术美学的美感研究中，触觉往往是最容易被忽视的。作为一种视听的艺术形式，短视频通过观众视觉和听觉感官，优先满足他们的愉悦感。然而，与电影等传统视听艺术不同，短视频是由智能手机等移动终端承载的。智能手机的普及开创了全民使用触摸屏手机的时代。从电影屏幕到计算机屏幕再到手机屏幕，触摸屏时代，我们的触觉参与了审美过程。事实上，触摸的重要性早已被人们所认识。亚里士多德把感觉分为视觉、听觉、嗅觉、味觉和触觉，虽然触觉最终在五种感官中不占主导地位，但他认为触觉在自然哲学中占主导地位。诚然，亚里士多德时期的触觉和点触，如今触摸屏的感觉是不同的，但加拿大思想家麦克卢汉预见了触觉传播时代的电子媒体时代，他认为人类已经进入了听觉和触觉的时代。正如鲍德里亚所说："因为在这个过程中，人们更接近于触觉世界，而不是视觉世界，在视觉世界中，异化更为明显，反思总是可能的。"换言之，通过直接的身体接触相比于通过视觉获得的感知，更直观、更真实。

年轻人用来形容看短视频的另一个表达方式是"刷"短视频。自从触摸屏手机问世以来，人们就一直有这样的表达方式。实际上，"刷"是指手指在屏幕上进行点击和滑动的动作。在看短视频的时候，人们用最有触感的点击和滑动动作来模仿，在这个过程中，人们的好奇心被激发，由于短视频播放频率很快，都是看一个直接切换到下一个，看了以后会去期待下一个，如果碰到不好看的短视频，直接向上滑，这样心理上会获得极大的满足。同时，人们沉浸在这样一种由视觉、听觉和触觉共同营造出的一种狂欢的快感中，这就是为什么很多人刷短视频会上瘾的原因。

综上所述，在实际观看短视频的过程中，是视觉、听觉和触觉共同触发观看者的愉悦感的。但必须说明的是，与传统媒体相比，短视频体现了以感官愉悦为主导的倾向，但并非完全纯粹的感官愉悦，审美主体在享受感官愉悦的同时也产生了精神愉悦。

第三节　制定方案，撰写脚本

一、短视频内容领域分布选择

短视频平台上收集的视频内容大致可以分为以下五类：第一类，新闻和信息类短视频，各个新闻客户端可以通过进入短视频应用平台发布新闻信息；第二类，才艺秀类短视频，创作者要展示自己的才艺，或唱歌或跳舞；第三类，搞笑剧短视频，创作者通过剧情或其他各种手段逗观众发笑；第四类，技能教学类视频，如教观众如何穿衣、化妆、做饭等；第五类，生活场景类短视频。在这类视频中，摄影师记录了自己的生活，多以VLOG的形式呈现。

在当下倡导媒介融合的背景下，短视频作为新闻内容的承载方式，已成为信息传播的重要媒介。因此，越来越多的传统媒体进入短视频市场，这为传统媒体的升级改造提供了新的动力——通过文字和视频共同呈现的方式来满足用户对新闻信息的不同呈现需求。有学者认为，短视频新闻开辟了一种新的新闻传播形式。

在才艺秀类短视频中，创作者拍摄自己唱歌、跳舞或绘画的视频，展示自己的各种才华。这种短视频深受用户喜爱。在短视频应用上观看视频的同时，也可以用短视频软件内置的功能直接配音，使用户可以模仿很多短视频并将作品上传到短视频应用平台上，以达到一定的互动效果。

短视频创作者可以通过情节推进或恶作剧的形式来制作搞笑剧类短视频，来让观众发笑。搞笑剧类短视频近年来受到网民的好评。据调查显示，搞笑剧是粉丝人数增长速度最快的短视频类别，在这类短视频中，创作者会反复重新演绎自己的故事或生活片段。

例如，抖音用户"沙雕影视逗你笑"几乎每天都会更新不重样的搞笑短剧短视频。

随着社会的快速发展和科学技术的飞速进步，生活节奏已经快速化。为了在快节奏的生活中占上风，人们必须在零碎的时间里掌握比别人更多的知识和技能。这就产生了关于技能教学的短视频，这类短视频的特点是可以在短时间内让用户掌握某一项技能。

在记录生活类短视频中，创作者记录了自己的生活场景，无论是工作还是休闲时光，都展现出丰富多彩的一面。记录生活类短视频的内容主要集中在生活中的各种话题，很容易满足观众对现实内容的需求。创作者擅长表达对生活的真实感受，从而容易引起短视频用户的共鸣，具有很强的社会性。

二、短视频脚本写作基本原理

影视拍摄脚本最早应用于 20 世纪 20 年代初美国迪斯尼公司的动画领域，至今已广泛应用于广告、电影、互动媒体、产品设计等诸多领域。同时，拍摄剧本的绘制则是检验导演素质的重要标准，也是进行拍摄前对影片的预演。

拍摄脚本，又称分镜头脚本。一般来说，拍摄脚本是通过一系列图表来讲述故事和创造电影场景的一系列镜头。根据视觉保留的原则，一部电影以每秒 24 帧的速度制作动画，拍摄脚本描述了其中的关键帧。不难理解，拍摄脚本是一个素描、框架图。但实际制作拍摄脚本的过程和其功能并不简单，反而相比于拍摄过程更加复杂。

电影镜头的脚本制作是一个非常大的工程。一般来说，一部故事片的拍摄脚本是 1 000 多个镜头。导演有时需要一个非常生动细致的拍摄剧本，来突出整个故事的动作和表情的连贯性，甚至画面的色彩也需要考虑，尤其是在电影还在找投资或者演员还没选定的片段。生动的画面会增加投资者对整部影片的信心，至少要能让他们一帧一帧地看到影片的预演。

短视频拍摄脚本和电影拍摄脚本最大的区别是，一个典型的一分钟短视频拍摄脚本包含 10 到 30 个镜头。虽然短视频拍摄脚本数量不如电影拍摄脚本大，但制作短视频拍摄脚本的过程不一定比电影拍摄脚本容易多少。首先，短视频拍摄脚本要求每一个镜头在拍摄剧本的场景中都要非常有创意，承载空间非常小。例如，广告创意类短视频的最终目的是突出产品并进行销售。做广告的目的是增加产品的知名度和市场。只有使产品的销售业绩上去，短视频广告才能实现自身的价值和意义。

无论是传统影视作品还是新媒体短视频，影视制作都需要大量的人力、物力、资金投入。拍摄脚本不仅是导演安排镜头顺序、拍摄角度、演员行走姿势和后期剪辑的参考，也是整个剧组的"看得见的预算"。由清晰的画面组成的拍摄脚本，可以看到镜头的数量，场景的数量，演员的服装、妆容、道具的使用情况，工作人员可以根据拍摄脚本判断拍摄中使用的设备和器材。作为一个制片人，他可以通过拍摄脚本来分辨画面中包括的内容和不包括的内容。

当文学剧本被引入到镜头脚本的构成中时，导演可以在镜头剧本中看到故事中戏剧的流动性和连续性。例如，最简单的一种拍摄脚本的制作方法，就是用同样大小的纸张优雅地画出一幅幅画面（纸张的比例最好与电影画面的比例一致），然后将这些画面优雅地贴在按顺序准备好的板子上，这样就可以预览到整部影片的连续性。当导演能画出自己的拍摄脚本时，这个过程就很有意义了。导演希区柯克甚至这样创作过电影：电影拍摄时他没有在片场观看或指导他的演员，有人问他为什么，他回答说："演员们只要按照我的拍摄脚本来演就行了。"虽然不是所有电影导演或短视频制作人的拍摄脚本都像希区柯克那样优美、细致，但无论画面多么粗糙，组织在纸上拍摄的思维过程和精神状态都是无价的。如果想要拍好一部影视作品，没有什么可以替代实际拍摄。同样，也没有什么可以替代实际的快照脚本渲染。任何表达方式都是对导演想象力的挑战。导演走进片场，即使面对混乱的场景和断章取义的篇章，只要有最详细的拍摄脚本，就能自己解决问题。

第四节　搭建团队，分工完成

一、短视频创作者职业素养

目前中国拥有互联网用户 10.8 亿。网民是社会舆论和信息传播的主要群体。作为使用互联网的个人，应具有高度的信息鉴别力和鉴赏力，了解相关法律知识，遵守法律法规，在使用互联网时注意道德修养。和谐的网络环境对当下的受众来说是非常有必要的。例如在观看极端价格比较的视频时，要首先检查是否有清晰可靠的信息来源。在移动互联网时代，每个人发布的信息都可以看作是信息的来源。我们不能绝对地说个人所披露的信息是不能接受的，但要区分这些信息是否真实可靠并不容易。因此，政府部门、传统媒体等相对可靠的信息来源值得我们作为首要选择，从而让我们远离来源不明的信息或单一来源的信息。在全媒体时代，世界变得纷繁复杂，每个人都可以表达自己的观点和看法，这就构成了互联网世界的万花筒。然而，当一个意见是一个单一的声音时，它往往是不正常的。此时，观众应该面对他们保持理性。对于短视频平台上违反相关规定的三俗视频，我们应直接举报。

目前，短视频平台充斥着大量违规的短视频内容，用户也存在许多违法行为，这些现象在很大程度上与这些创作者和用户的品位高低和自我约束能力强弱有关。同时这些现象不仅反映了平台管理的不完善，也反映了用户的道德修养。平台充斥着大量的品位低俗甚至是违反创作规则的短视频，一方面，作为观看的用户，看到这种视频的时候要保持自己的态度，不要掉进创作者的"坑"里；另一方面，短视频创作者也要提高自己的道德素质，不应该为了吸引别人眼球和为了获得点击率，而把一些低质量的视频上传到平台上。而作为一名观众，用户在发现低俗的视频时，可以选择直接对其举报，让平台做出封号处理。法律法规是能够规范用户使用行为的，因此，短视频创作者应当树立牢固的守法观念。"建设法治国家，人人都要懂法律"。只有知法才能守法。法律信仰不仅可以保护我们的权益，也可以限制我们的行为。尤其是发生重大舆情事件时，我们以此来规范自己的网络行为，时刻坚守道德和法律的底线，共同净化网络的环境。要想提高短视频创作团队的法律知识，首先，必须有一个稳定的法律环境，完善法律法规，树立正确的短视频用户个人价值观。其次，要深入了解立法理念，增强社会公德、职业道德和家庭美德意识，使网络传播环境建立良好的传播秩序。

二、短视频团队分工制作流程

在确定短视频制作团队之后，需要明确短视频制作团队的职责和分工。对于一个短视频制作团队来说，互相了解成员的职责和分工是至关重要的。明确的责任感使成员能够迅速了解自己应该做什么并尽快投入工作。如果团队成员的职责分工不明确，无论短视频的创意有多好、团队的管理有多好，都可能出现打乱计划、降低工作效率、无法执行预定的工作等情况。

短视频制作团队是一个整体，整体中的每个环节都对最终的短视频产品效果产生影响。在这种情况下，团队中的每个成员都要清楚地知道应该做什么、如何做、如何做得更好，以及清楚在这个过程中应该避免什么，这一步完成后下一步应该做什么等。只有这样，才能充分发挥每个团队成员的最大力量，高质量地完成短视频制作的每一步。团队成员之间的科学分工有利于规范每个成员的行为，从而保证工作质量，提高工作效率，充分利用人的聪明才智。同时，明确分工也有利于防止出现推卸责任的情况，短视频制作过程中一旦出现问题，可由专人负责。明确每个团队成员的职责，有助于形成团队凝聚力，确保工作的稳步推进。制作团队的组建是短视频营销前期工作中非常重要的一部分。一支优秀的短视频制作团队，可以最大限度地提高短视频的质量，高效地完成每一段短视频的制作工作，从而快速积累一定数量的"粉丝"，高水平地完成前期的各项工作。

在短视频拍摄团队中，首先需要有一个管理员。现在，有些企业提倡人人都是经理。这种想法虽然能在短时间内激发团队成员的积极性，但当意见不合时，可能会导致团队的解体。因此，在最初的短视频拍摄团队中，最好有一名"经理"作为总领导来协调和安排每个成员的工作。只有这样，才能保证各部分工作的顺利进行。其他人员的配备应根据班组的工作强度进行安排。如果按照一个标准的短视频团队的制作水准，大约一个星期要推出两三部短视频作品，在这种标准下，团队需要 4 到 5 个人，剧本、拍摄、编辑、推广应至少各有 1 个人负责，对人员的配备要求比较高。如果短视频的编辑效果较好，可增加一个剪辑人员来分享作品，提高完整短视频产品的效率，保证及时更新。

除了上述固定的短视频拍摄团队人员外，在不同的短视频作品制作过程中有时还会需要司机、化妆人员。如果工作团队的人员具备相应的技能，可以兼任，否则，团队需要招聘一些短期雇员来保证工作的顺利进行。在这个过程中，团队要注意与团队外的优秀人才建立良好的关系，从而达到今后在其他工作中也可以合作的目的。

短视频编剧的岗位职责：

（1）负责公司原创短视频系列内容的创作工作，包括剧本创意、BGM（背景音乐）选取、广告创意、协调后期制作。

（2）要能抓住公众或媒体的关注点、喜爱偏好的变化，剧本创作前期能对剧本素材和题材进行整体评估、筛选。

（3）能够改写成型的剧本、输出独立原创剧本、会分镜剪辑等。

（4）了解短视频平台，关注流行趋势和业内热点，根据市场需求与受众喜好，实时调整和改进节目创意策略。

短视频主编的岗位职责：

（1）根据节目体系搭建剧本故事的脉络和框架。

（2）协同编剧编写节目故事脚本、视频脚本和动画剧本。

（3）与内外部编剧团队对接，及时交付创作内容。

（4）管理编剧团队，跟进后期制作，把关作品质量和交付时间。

短视频总编的岗位职责：

（1）负责内容事业部门的整体规划、运营及管理，定制策略以及流程优化。

（2）负责公司常规节目和特殊项目的统筹管理，在对各节目和新媒体平台内容选材上做方向性的把握。

（3）负责内容运营日常工作的管理及总结，优化整体的工作流程以及内容的审核标准。

（4）策划运营活动，协调内部资源与推动执行

（5）与业内媒体合作，提高知名度及专业度，获取更多外部环境资源。

短视频导演的岗位职责：

（1）根据节目定位，参与节目内容策划，编写策划案或脚本。

（2）组织进行录制与拍摄，精准把握节目创作方向，有效把控现场。

（3）跟进后期制作，督促并协调配合后期工作。

（4）监控制作全过程，保证节目按时、按质、按量顺利完成。

短视频摄像师的岗位职责：

（1）与导演沟通，按导演制定的拍摄方案开展工作，如确定素材、依据脚本分镜头等。

（2）负责公司视频类项目的拍摄工作，把控与现场基本调控。

（3）负责节目的策划创作、采访拍摄、编辑制作与播出。

（4）负责保持摄像过程中颜色、构图、灯光和镜头处理等在最佳状态，完成高质量的画面摄制，并在拍摄后对素材进行整理备份。

（5）负责摄像机设备的维护工作，保证机器的正常使用。

短视频演员的岗位职责：

（1）根据短视频脚本，配合编导，完成短视频广告演绎。

（2）根据角色需要，能够尽快投入拍摄状态，完成短视频制作。

（3）参与公司节目的短视频脚本选题策划工作。

短视频后期的岗位职责：

（1）负责节目视频的剪辑、包装等后期工作，同时参与二次创作。

（2）独立完成视频的剪辑、合成、制作，熟练运用镜头语言。

（3）负责公司视频的素材整理，负责视频的存档及使用管理。

（4）协助完成拍摄。

短视频美术设计的岗位职责：

（1）参与前期创意策划内容表达、风格和视觉表现，具备良好的美术功底和鉴赏能力，对平面和色彩的感觉良好。

（2）有扎实的美术功底、良好的创意思维和理解能力。

（3）根据导演脚本或分镜完成设计视频创意、执行视频三维动画部分的设计与制作工作。

（4）具有较强的独立制作能力与沟通能力。

短视频运营的岗位职责：

（1）负责短视频日常内容分发上线，包括视频头图、标题、简介、推荐位及部分内容元数据的日常导入、审核、上线、下线，并提供各品类短视频的内容上线计划表。

（2）负责短视频上线后的数据分析、竞品分析，对内容运营的策略方法适时优化改进。

（3）收集用户反馈、用户互动信息，根据内容运营效果提供线上线下相关活动的建议。

（4）能够根据数据反馈分析不同流量渠道的流量规则，制定对应的流量获取策略。

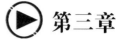
第三章
小视频拍出大片感：短视频的拍摄

第一节　优选场景，营造氛围

由于短视频拍摄具备拍摄便捷，所需设备和人员较少的特点，一般情况下一部手机、两三个人以及利用一些微型辅助设备即可完成拍摄工作，所以在拍摄场地的选择上，短视频相比于传统影视作品更加灵活，可以突破原本的种种限制，随时随地完成拍摄。

一、场景的选择

短视频中的场景，数量比传统长视频要少得多。短视频对场景的要求也不是非常苛刻，一般选用生活化的场景进行拍摄。但要求不高并不意味着短视频创作者们就可以对场景不加挑选地随意使用，从实现其表意功能的角度来看，这点尤为重要。短视频一般采用的是实景拍摄，尽量选择能还原生活的场景，或者就在平时的生活场景中拍摄，能够表现作者风格、体现主旨、让观众产生共鸣即可，一般来说，要选择光照条件较好的场景，因为短视频拍摄设备相对简单，不具备影视级别的照明条件，所以对拍摄场地的原有光照条件有所要求。

一般在电影拍摄过程中，选景是由专业的美术师来完成的，而对于短视频来说，为了缩减人员数量，一般由导演或者摄影师来完成选景工作。无论是谁在进行选景，这个人都一定要了解导演的意图，要在对剧本进行研读后，深入了解作品的主题，达到对故事和人物的发展脉络十分熟悉的程度。

选景的基本方法是根据剧本参照人物动作寻找到相似的真实环境。可以根据剧本设计分场景表，细化场景。就成本而论，场景的选择受到经费的限制。在考虑选景的时候，尽量选择花费少、易于拍摄的地点，以节约成本。同时，要集中场景，缩短摄制周期。如果一个剧本中有十个以上场景，那么一旦拍摄起来，整个剧组就要奔波在各个地点中，所花的成本和时间是相当多的。所以，要先选择短视频的重点场景，再根据重点场景的位置去选择一般场景，这样，一般场景就在重点场景的周边，可以缩短拍摄周期和成本。另外，在题材上选择自己熟悉的生活场景，无论从编剧构思的角度出发，还是从选择场景进行拍摄的角度出发，都会比较顺利。

场景有内景外景之分。在拍摄时，选择一个既有内景又有外景的场景是很有价值的。既有内景又有外景，可以消除天气变化对拍摄的干扰，一旦遇到阴雨天气，可以先拍内景，以免影响整体进度。在选择外景时，要注意风格，例如南方的"小桥流水"和北方的"粗犷大气"在风格上是完全不同的，要结合剧本做出恰当的选择。同时，要考虑有时代印记的场景，去制造一个真实的空间。

二、场景的布置

（一）短视频布景

布景顾名思义就是布置景色。简单来说就是装扮演出的场地。对于短视频布景来说，自然就是布置短视频的拍摄场地。虽然在传统的视频行业，布景师是一个专业性较强的工作，但是在更注重内容产出和效率的短视频行业，布景需要变得更加简单和可控。同时布景也是短时间内提高画面质量的一个很好的方法。

（二）短视频布景的意义

短视频布景是一种形式，一种美化短视频的形式。那问题来了，为什么要美化短视频？因为许多创作者希望创作出来的短视频能获得更多的流量，并且希望尽量朝向大 IP 的方向发展。一旦进入短视频领域当中，无论有着何种目的，其实归根结底都是希望实现流量变现，而实现流量变现的根本就是提高视频的播放量。在短视频内容做到一定程度，形成一定固定的产出模式时，视频画面质量应相对应地升级提高，做到与视频内容质量同步，从而加大短视频的扩散能力。

（三）短视频布景可有效提高画面质量

短视频布景可有效提高画面质量。相对于画面质量的提高和镜头语言的使用，布景让观众对画面提升的感知最为明显。因为短视频时长较短，并且通过网络传播，上传至网络平台后的作品本身都会进行一定程度的压缩，所以画质的提高带来的效果并不显著。由于短视频的独特特性，这就使得短视频的镜头语言和拍摄场景布置变得较为重要，因此在短视频的创作中，场景布置的改变更能吸引观众的注意力，如变装类短视频。总而言之，短视频创作中进行的布景更能有效提高视频质量，有利于短视频账号 IP 的成长。

（四）短视频布景的方法

在一段短视频的影像中，背景虽然不是最主要的，但是对整体画面形象的影响很大。因为背景的面积往往在画面中占比最大。虽然观众的视觉焦点不在画面的背景上，但是影响画面中主体影像的形象气质，也影响了视频的整体风格基调。而这里究竟如何更换、升级画面背景，还是要根据节目的内容和定位来确定。如果短视频拍摄的大多是外景，那对于画面背景的更换和提升是较为容易的，只需更换取景地点即可。室外的场景布置较为复杂且资金和时间成本较高。对于短视频团队来说，最实惠的做法就是遵循减法原则进行外景的取景，简而言之只需尽可能寻找一个简单干净的背景即可。而在这种模式下，要想作品形成一个比较完整的风格，则需依靠短视频的剪辑包装中的调色环节。

如果室内取景较多，那对背景的把握就相对更容易些，可控的因素也会更多。很多短视频自媒体的团队和个人用户，进入到该领域时，没有足够的资金来搭建一个舞台实景，会选择最简单的方法——用墙面充当背景。这是一个很实用，并且至今为止还是有很多大 IP 仍然在使用的一种背景方式。墙体相对粗糙，不会产生明显的反光，也可以最大限度地减小拍摄难度。但它的不足之处在于，墙面颜色一般以白色居多，如果很多短视频拍摄时都使用白色背景，会使得作品的整体辨识度不高。

针对这一问题的解决方法为：室内拍摄的短视频可以通过增加一些书架、花卉、照片墙等东西来装饰或者将墙面粉刷成短视频节目包装的色调。其中最简单的方法就是使用背景布。背景布的使用很简单，成本较低，但所呈现的画面效果却较好，并且只需搭好架子背景布即可且能随时更换，特别适合小情景的短视频创作或干货分享类的短视频节目。

还有一种短视频的布景方法，那就是通过景深对背景进行虚化。这个方法适用于外景短视频和小景别短视频。通过将景深杂乱的背景完全虚化，在美化背景的同时，还可以增加画面的美感，同时成本也较低。使用这种方法时唯一的难题就是需要创作者做到对镜头景深的相关知识有充分的了解。

（五）装饰品的布置

对于短视频团队，特别是中小型团队来说，很难承担搭建一个大型的室内布景的成本。并且短视频的特点是更注重内容和效率，布景仅仅作为一种内容的陪衬，没有必要进行大金额的投入。简单的房间布置再配合后期的画面调整，同样可以打造出想要的视频风格。

首先，从占画面面积最大的背景墙来说，画面背景的装饰其实样式不多，但是效果最为出彩，毕竟面积最大。这么大的面积该如何装饰，要遵守以下几个原则：（1）符合视频账号的包装。如果短视频账号的定位是作品有科技感、现代感、运动感等风格，但画面背景使用的是木纹，并且放了两个书架，那显然就是不合时宜的。（2）背景装饰不要过于抢眼，如果说短视频内容主要本身没有什么很抢眼的特点，而且主题比较沉重时，画面背景却出现一个长着鲜艳羽毛的鹦鹉，且这只鹦鹉本身跟短视频内容没有什么关系。那么在这种情况下，观众会疑惑究竟谁才是主角。这样会让观众很摸不着头脑，甚至引起他们反感。（3）画面的前景不宜太大，如果考虑做景深效果的话，也不适合进行过度虚化。（4）绿幕的使用。使用绿幕是电影特技中很常用的技术手法。比如一些奇幻电影中呈现的场景，使用现实中的景色是很难实现理想效果的，所以就搭建一个绿色背景棚。在绿色的环境中拍摄，再用计算机将画面内容抠出，与背景进行特技合成，再将人物主体抠出来。因为使用此类方法的前提是需要有专业性较强的后期制作，因此在影片剪辑时，剪辑成本也会增加，而新手学习抠像技术也需要花费时间成本。因此此方法仅建议有较强的剪辑功底的创作者团队和个人使用。不过在场景布置方面，这种方法确实很方便。只需将背景布置成绿色（可以通过搭建背景布来实现）。在这种情况下，拍摄主角只需穿一个区别于绿色的服装即可。（5）通过光线来进行场景气氛烘托。在传统的视频行业，布光是非常讲究的。好的布光师仅仅通过光线的布置便能将画面档次提升。同时通过光线明暗的变化，可以增加画面的层次感，可以遮盖画面中影响效果的景物，达到淡化背景的冲突的效果。

为什么要进行场景的布置？这是因为现实的场景并不等于故事的场景。场景是被摄像机拍摄的画面，是视觉的一部分，也是营造叙事氛围的一部分。没有这些独特的空间形象是无法组织拍摄的。

场景布置过程中要确定场景的基调。基调一词来自于戏剧，指的是呈现方式，是导演对素材的选择所呈现出的氛围。基调可以强烈影响价值体系造成的反应。对于微电影来说，基调则是场景的呈现方式是什么，通过什么样的影调、色调、置景安排来建立场景。一个短视频少则一个场景，多则五六个场景。那么在设计中，创作者要根据剧情确定场景的主要基调。用合适的色彩、合适的灯光、合适的道具塑造一个合适的场景。一个合适的场景，可以烘托环境，展现人物关系，营造情绪，渲染气氛。可见，制定场景基调是场景设计的根本。

第二节　巧用镜头，动静结合

"镜头"本身有两层含义：其一是指摄影机、照相机等设备的一个部件，安装在摄影设备"前方"，由若干个镜片组成；其二是指在影视作品制作中，摄影机开始录制之后到停止录制之前，所拍摄到的一段连续的画面被称为一个镜头，或者说在影视作品当中，上一个剪辑点与下一个剪辑点之间的一段连续的画面。

一、作为摄影配件的镜头

在实际的短视频创作中，按照其选用拍摄设备的不同，也有不同的镜头群可供选择。使用手机拍摄时，可选用适配的替换镜头，目前广泛使用的手机外置镜头一般采用吸附式和夹式，涵盖了从广角到长焦的各种焦段，价格在几十元到几千元不等。使用单反相机拍摄时，就有了更加丰富、成熟的镜头群可供选择。而使用微单相机拍摄时，也可以通过相同卡口或加装转接环的方式，实现与单反镜头的适配。

二、固定镜头与运动镜头

镜头作为一段摄影机拍摄到的、连续的画面时，分为固定镜头与运动镜头。

(一）固定镜头

固定镜头即摄像机的机位、镜头光轴和镜头焦距在拍摄的过程中都不发生任何变化，可以满足观众停留细看、进行注视等相关的视觉要求，能够突出画框中的关键信息；固定镜头具有交待关系的功能，能够展现出复杂的人物关系，大景别的固定镜头还能最清晰地展现环境特征，这一点在纪录片中体现得最为典型；固定镜头对被拍摄对象的节奏变化和运动速度更能客观反映，利于借助画框来强化动感，在固定镜头对漫长过程的呈现中，还可以使用快进将其加速，以凸显变化；固定镜头的画框的半封闭性，虽然会使表达内容受到一定程度的限制，但利用画框内的元素，却能够让观众产生对画框外的内容的想象。

（二）运动镜头

镜头相较于被拍摄主体的位置变化，称为镜头的运动。相较于固定镜头，运动镜头对人与环境的关系的强化，以及在情感烘托、情绪渲染、增强影像的视听冲击力的方面有更好的表现。运动镜头的形式基本上分为推、拉、摇、移、跟、升、降、甩等：

1. 推镜头

推镜头，是摄影机沿着光轴方向逐渐接近被摄体的镜头运动形式。推镜头主要通过两种方式进行：一是通过摄影机的向前运动实现推镜头；二是摄影机本身保持不动，增大镜头焦距。推镜头的主要作用为展现纵深空间；表现静态人物的心理变化；构成视觉冲击，突出主体，强化重点；通过镜头的运动来展现人或物的主观观点等。

2. 拉镜头

拉镜头，与推镜头相反，是摄影机沿着光轴方向逐渐远离被摄体的镜头运动形式。拉镜头主要通过两种方式进行：一是摄影机本身运动，逐渐远离被摄体；二是摄影机不动，通过缩小镜头焦距的方法实现镜头拉远。拉镜头通常用来展示宏观视野，强调主体转化空间环境，从而提示观众加强对环境与环境、环境与主体的关系等的关注。

3. 摇镜头

摇镜头，是指摄影机位置不变，通过借助三角架等工具进行上下、左右或不规则摇动的镜头运动形式。摇镜头能较为明显地展现出对人眼环视周围环境的模仿特点，可以用于交待多个拍摄对象之间的因果关系，也可以在广阔的空间中逐一展示或逐渐扩展环境视野。

4. 移镜头

移镜头，是指摄影机在一定范围内沿着水平面进行移动的镜头运动形式。按照镜头移动方向划分，移镜头主要可分为横移、斜移和环绕移动等，此外还有不规则移动。总而言之，移镜头的运动方式是多样化的。它可以变景别、变视点、变背景、变方向等。移镜头伴随着被拍摄主体的运动而运动，因此移镜头被认为是最能表现被摄主体运动、最能展现空间环境或者结构关系的镜头运动形式。

5. 跟镜头

跟镜头，是指摄影机跟随运动的被摄体的拍摄方式，跟镜头能使处于运动中的被摄主体在画面中的位置基本不变。跟镜头不仅可以突出运动中的被摄主体的主体位置，将被摄主体和空间环境等其他因素区分开来，又能交代运动中的被摄主体的运动方向、速度、状态及其与环境之间的关系，使被摄主体在运动过程中保持连贯性，有利于展示被摄主体在整个运动过程中的精神状态。

6. 升降镜头

升降镜头，是指摄影机做上下空间位移的镜头运动方式，摄影机向上移动时为升镜头，向下移动时为降镜头。按升降方式划分，大体可分为垂直升降、斜向升降、弧形升降和不规则升降几种类型。升降镜头常用于展示事件或场面的规模与气势，或表现处于上升或下降状态中的人物的主视点。

7. 甩镜头

甩镜头即快速摇镜头，指从一个被摄体转向另一个被摄体，因摇动速度快而呈现出"甩"的视觉效果。甩镜头常用来表现急剧的变化，多出现在转场，能很好地隐藏剪辑痕迹。

8. 综合运动镜头
综合运动镜头指在同一个镜头内包含两种或两种以上的运动方式。

三、长镜头

（一）长镜头的概念

简单来说，长镜头就是一个固定的景别下长时间地持续叙述事物的镜头，比如贾樟柯导演的电影作品《三峡好人》中，开场便用了长达三分钟的一个固定长镜头。长镜头的时长没有定论，可根据内容和风格需要进行不同的处理，考虑到观众的接受程度，一般都不超过十分钟，也有更长的，如《地球最后的夜晚》《1917》等电影里出现的长镜头。另外，长镜头还指具有起幅、落幅完整运动过程的运动镜头，以及包括推、拉、摇、移、跟、升降等复杂运动形式在内的综合镜头。以法国电影理论家安德烈·巴赞的见解为依据，他的长镜头理论认为，长镜头能保持电影时间与电影空间的统一性和完整性，表达人物动作和事件发展的连续性和完整性，因而能更真实地反映现实，符合纪实美学的特征。

（二）镜头内部蒙太奇

众所周知，蒙太奇指对画面、声音等诸元素进行编排组合的手段，即电影中镜头与镜头之间的组接，是声音和画面之间的组合结构方式，其中最基本的形式是画面的组合。长镜头一定意义上其实也是一种特殊的蒙太奇方式，即"镜头内部蒙太奇"。所谓"镜头内部蒙太奇"，主要是指在单个镜头内，由于摄影机的运动或被摄对象的运动，使摄影机与拍摄对象之间在空间上发生变化，产生不同大小景别的一系列画面。这种不同大小景别的画面组合在一个镜头内，形成"镜头内部蒙太奇"结构。

（三）短视频中的长镜头

从时长上来讲，目前对究竟时长多少的视频作品可以被称为"短视频"尚无定论。一般认为，时长在半小时以内的视频作品，都可以称之为短视频。"今日头条"副总裁赵添认为："4 分钟是短视频最主流的时长，也是最合适的播放时长"；新兴的手机短视频APP 如"快手"短视频平台则认为："57 秒，竖屏，这是短视频行业的工业标准"。可见由于各自立场和内容风格的不同，对短视频时长的理解也各不相同，所以以短视频里的长镜头自然也无法按照镜头时长来定义。

那么，对于短视频作品里的长镜头，我们可以做以下几种理解：在一个镜头内由于摄影机的运动，导致场景、景别等发生了一系列变化的镜头；在一个镜头内，虽然摄影机未进行运动，但有着较为完整的剧情，或者说主要情节都在这个镜头内发生。考虑到短视频拍摄方式灵活、运动镜头占比多、镜头运动丰富等的特点，在实际创作中，第一种长镜头出现的数量或要更多一些。

四、视　角

（一）平　拍

一般情况下，影视作品中绝大部分镜头选择的拍摄角度都是平拍，即摄影机与被摄对象间基本保持水平。平拍能给人亲近、平等、客观的感觉，一般不具有表明作者情感态度的功能。

（二）仰　拍

仰拍即摄影机位置低于被摄对象，由下往上拍摄被摄主体。仰角拍摄人物时，会显得人物更加挺拔伟岸，多用来表现正面人物。而用来拍摄建筑时，会显得建筑更加高大雄伟，多用来展现标志性的建筑，如天安门城楼、人民英雄纪念碑等。

（三）俯　拍

俯拍与仰拍相反，是摄影机由上往下拍摄被摄主体的角度，可用来拍摄大全景以交代环境。俯拍人物时，会显得人物更加矮小，具有丑化人物形象的作用，多用来表现反面人物。另外，航拍镜头也是一种特殊的俯拍镜头。

（四）主观镜头

主观镜头即摄影机的视点直接代表剧中人物的视点所拍摄的镜头。在视觉上，可以让观众能像剧中人物一样看到他们眼里的情景。主观镜头多代表剧中人物的眼睛，表现他的主观视点、主观感受，所以主观镜头常采用画面变形、色彩变幻、焦点虚实变化等手法，表现人物的情绪和感觉，使其主观性更突出。例如获得了第51届金马奖最佳摄影奖的电影《推拿》，就使用了大量的主观镜头，因影片中的主观镜头代表的是盲人的视点，所以做了虚焦和晃动的处理，以便更符合盲人的视觉感受。

（五）客观镜头

客观镜头即主要代表作者或叙事者的眼睛，以及他们的叙述，或采用大多数人在拍摄现场所共有的视点拍摄的镜头。使用客观镜头在银幕上实现的效果极具临场感，叙事、抒情、表意，都离不开客观镜头，所以它在影视作品中占有重要地位，而且使用的情况较多。需要注意的是，客观镜头和主观镜头并不是完全分开的，在很多影片中，都出现了将客观镜头和主观镜头结合在一个镜头内运用的情况。

（六）空镜头

空镜头主要指景物镜头，即画面内不包含人物，只表现景物，如蓝天白云、树木森林、山川河流等。空镜头一般作为转换场面的过渡镜头使用，用来营造气氛，展现空间环境；也可作为有象征性或寓意性的镜头使用，起到表意的作用，如高山上挺立的青松、房屋檐角等。

五、景　别

景别通常是用人体作为参考，以镜头中人体所占相对面积来划分的。常见的景别有远景、全景、中景、近景、特写等。影响景别的因素主要有被摄主体大小、距离镜头远近、感光元件尺寸以及焦距，简单来说，就是指被摄主体在画面中所占面积的大小，短视频作品中远景与特写使用得相对较少。

（一）远　景

远景主要指被摄体（人或物）处于画面空间的远处，在画幅中只占很小的比例。远景的使用，多用来介绍环境、人物与环境的关系，表现巨大的空间和宏伟壮观的气势，表现事件和场面的规模。如美国电影《巴顿将军》中的开场镜头，随着主人公逐渐向镜头走近，景别也逐渐由大变小。同样的拍摄手法也出现在中国电影《让子弹飞》当中，县长、师爷、黄四郎三人进行剿匪出征前的动员会上。

在短视频拍摄制作中，常常会使用到远景镜头。远景镜头具有开阔的视野，通常用来展示事件发生的时间、环境、规模和气氛等。远景画面重在渲染气氛，抒发情感。

1. 远景镜头的特征及应用

在短视频制作中，远景是景别中视距远、表现空间范围大的一种景别。如果以成年人的身形作为尺度，由于人在画面中所占面积很小，基本上呈现为一个点状体，因此，在远景中，对于环境的展示是优先的。远景视野深远、宽阔，主要用于表现地理环境、自然风貌和开阔的场景与场面。

2. 远景镜头的种类

短视频制作中一般把远景画面分为大远景和远景两类。

（1）大远景适用于表现辽阔、深远的背景和渺茫宏大的自然景观，如莽莽的群山、浩瀚的海洋、无垠的草原等。大远景的画面特点是开阔、壮观、有气势和有较强的抒情性，画面结构通常简单、清晰。

（2）远景一般用来表现较开阔的场面和环境空间，如战争场面、群众集会、田园风光等。远景画面中人体隐约可辨但难以区分外部特征。远景画面的特点是开朗、舒展，一些宏大形体的轮廓线能够在画面中清楚表现出来。

3. 远景镜头的特点

远景画面注重对景物和事件的宏观表现，力求在一个画面内尽可能多地提供景物和事件在空间、规模、气势、场面等方面的整体视觉信息，讲究"远取其势"。

4. 远景镜头如何构图

大远景和远景的画面构图一般不用前景，而注重通过深远的景物和开阔的视野将观众的视线引向远方。所以，远景拍摄尽量不用顺光，而选择侧光或者侧逆光以形成画面层次，显示空气透视效果，并注意画面远处的景物线条的透视和影调的明暗，避免画面平板一块，单调乏味。

5. 远景镜头的拍摄要求

由于屏幕较小，景物的表现力在屏幕上有所损失。这就要求摄像师在处理远景画面时要删繁就简，目的性要强，同时画面的时间长度应充足，拍摄时摄像机的运动也不宜太快。

（二）全　景

全景中主要被摄体（人或物）在画面中所占的比例相较于远景有所增大，主要用于表现人物的全身或物体全貌。全景的作用和远景差别不大，主要是用以介绍环境，表现气氛，展示大幅度的动作，刻画人物与环境的关系。在拍摄全景时应注意，人物切忌顶天立地，也就是人物的头部和脚部不可离画框太近，上下都要留有适当的空间，以保持画面的均衡和完整。

（三）中　景

中景主要指被摄体（人或物）在画面中只呈现了局部，如被摄体是人的话，则画面中出现的身体范围包括头部及膝盖以上部分。中景在各类影视作品中的应用都比较广泛，因为拍摄器材和人物的距离及位置都较为适中，是非常适合观众的视觉距离，使观众既能看到环境，又能看到人物与环境的关系，最主要的是能清晰地看到人物上半身的动作以及人物间的交流。但同时，中景又缺乏表现力，相于对近景、特写来说，缺少力度与强度；而相对于远景和全景，又缺少点意境和韵味。

（四）近　景

近景中人物在画面中出现的范围，主要涵盖了头部及胸部，胸部以下的部分不在画面中。近景主要用来介绍人物和展示人物面部表情的变化，由于视距较近的缘故，使观众视觉心理上更近人物形象，能够看清人物的表情、面部神态和脸上的细微动作，有利于揭示人物的内心活动以及对事物的情绪反应。

（五）特　写

特写是指画面中只出现人物肩部以上的头像，是视距最近的镜头，用以突出刻画被拍摄的对象，表现人物动作细节和过程，展示细微的、令人不易察觉的心理活动和形体动作，如眼神、嘴角和手指的细微动作等。特写还可以在视觉上起到一种强调、突出的作用，如展现重要的道具。

除了以上五种景别分类外，还有更多的、细致的分类，如大远景、大全景、大中景、中近景、大特写等。

第三节　多元构图，拍无定法

短视频拍摄当中的构图需要做到将个别和局部的形象进行有机结合，以形成一个具有艺术性的整体，这就需要摄像师把画面内的各种元素有机地组合起来，恰当地处理和安排人与人、人与物、物与物之间的位置与关系。构图这一专业术语被广泛应用在不同的领域，在中国的传统绘画当中，构图又被称为"章法"或"布局"。主体、陪体、前景、背景都是构图的主要要素。

拍摄中画面的主要对象就是拍摄的主体，同时它也是画面的主要组成部分。摄像师在构图时要有全局意识和整体观念，在安排主体在画面上的位置时，要考虑怎样做才能使拍摄主体更加明确、突出且引起观众的注意。构图画面的主体不仅仅是画面的内容中心，更是画面的结构中心。

画面中能够构成一定情节并且与画面中的主体有着紧密联系的对象即被称为陪体。陪体的作用是协助主体更好地揭示主题，同时也能够起到均衡画面的作用。陪体的安排和处理要以使整个视频的画面有朝气并且能与主体形成相应的对比为标准，从而能够起到对主体陪衬、烘托的效果。

环境，顾名思义是指在被拍摄主体周围的人物或景物。在视频画面中主体前面的景物称为前景，主体后面的景物称为背景。摄像师合理巧妙地运用前景不但可以增强画面的层次感，而且能够突出表现空间深度以及强调现场气氛，从而使画面的构图具有灵动性。在背景的选择上，可以选择突出主体所在的时代特征、地理位置、周围环境、特殊地形和地貌，以上这些都可以帮助观众理解主体人物的性格及人物状态，并且能够全面感知到这样的环境之下人物的状态和行为意识。

一、构图的基本形式

（一）水平线构图

平行水平线构图在视觉上能够给人一种延伸、平静、安宁、广阔舒展的感觉，较为适用于广阔的大海或者广袤的草原这一类型的风光拍摄，让观众产生辽阔深远的视觉感受。

在采用水平线构图法进行构图时，把画面一分为二的水平线可以给人和谐、稳定的感觉，下移三分之一的水平线构图的拍摄主体为天空，上移三分之一水平线构图主要用来强调眼前的景物，多重水平线则会产生一种反复强调的效果。

图 3-1　水平线构图示例（刘桐　摄）

（二）垂直线构图

平行垂直线构图是以垂直线的形式进行构图的方法，这种构图方法主要用来强调被摄主体的高、纵感，多用来表现深度和形式感，给人一种平衡、庄严、肃穆、重心稳定的感觉。在采用这种构图时，拍摄者要注意让画面的结构布局疏密有度，这样才能使画面更有新意且富有节奏和呼吸感。

图 3-2　垂直线构图示例（王鸿儒 摄）

（三）对角线构图

采用"X"构图（对角线构图）时，会将被摄主体置于画面对角的方向进行排列，4个角以中心为对称，在视觉上产生一种延展之势，能够带给观众很强的动感、不稳定性或生命力的感觉，满足受众更加饱满的视觉体验。此类构图方法大多用于拍摄环境，较少用于突出人物，在特殊情况下也可用于人物拍摄上。因为此类构图方法具有较强的拍摄者的主观态度和意识，使用对角线构图法的镜头进行作品创作时需要有充足的前期剧情作铺垫，所以此类构图不适合时长较短的短视频作品。

图 3-3　对角线构图示例（王鸿儒 摄）

（四）S形构图

S形构图是指被摄主体以"S"的形状从前景向中景和后景延伸，使画面形成纵深方向上的有空间关系的视觉感，可以让画面充满灵动性，是在艺术创作上用得较多的构图（甚至在戏剧上也常常会用到此构图）。在一些戏剧武打的表演中，先出场的兵甭们都是在舞台沿着"8字形"走步，在有限的舞台上可以显得其走了很长的路，而且台型优美，富于变化，其实这个"8"字，就是"S"形变化的延伸。S形构图法的动感效果强烈，既动又稳，不仅适合表现山川、河流、地域等自然的起伏变化，也适合表现人体或者物体的曲线。

图 3-4　S形构图示例（李生辉 摄）

（五）辐射型构图

辐射型构图又称为放射型构图，即让景物呈四周扩散放射形式的一种特殊构图方式。这类型构图的特点是将"力量"集中于中心并向外强烈冲击、扩张，由强变弱。放射型构图的中心部分较为突出，因此可使观众的注意力集中到被摄主体，通常中心部分也就是被摄主体部分，向四周扩散部分可视为配体部分，此类构图用以突出主体，又有开阔、舒展、扩散的作用，经常会用于需要突出被摄主体但场面又较为复杂的场景，也会用于要使事物或景物在较为复杂的情况下产生特殊效果的场景。如：短视频创作中竞技类的短视频，应用此类构图可以表现出竞技选手强烈的动感和爆发力。

虽然放射型构图辐射出来的是线条或图案，但按照它的规律可以很清晰地找到辐射中心。如：在风光类短视频中，拍摄一束束阳光穿过云层的场景时使用放射型构图的方式能使画面更具有张力，这是放射型构图的一个特点，另一个特点则是可以收紧画面主体，虽然放射型构图具有强烈的发散感，但这种发散具有突出被摄主体的鲜明特点，有时也可以产生压迫中心、局促沉重的感觉。因此使用放射型构图要根据主题的需要做出正确的选择。

图 3-5 放射型构图示例（李生辉 摄）

（六）三角形构图

三角形构图法是以三个视觉中心作为景物的主要位置，有时是以三点成面的几何构成原理来安排景物，形成一个稳定的三角形，具有安定、均衡但不失灵活的特点。

三角形构图分为正三角形（等腰）、直角三角形（不等腰）、倒三角形（等腰）、斜三角形（不等腰）等不同的三角形构图。正三角形构图能够营造出画面整体的的安定感，在几何形中是最稳定的，给人以力量强大、沉着、不可撼动的印象；倒三角形、斜三角形则与正三角形相反，全部重量落在一个支点上，像陀螺一样，随时向任何方向倒下，给人一种不安全、不稳定的强烈动感。而使用多个三角形构图能表现出热闹的动感，其在溪谷、瀑布、山峦等的拍摄中较为常见。

图 3-6 三角形构图示例（李生辉 摄）

（七）框架型构图

框架型构图法是用前景景物做一个"框架"，形成一种特殊的遮挡感，达到整体轮廓与画面四边平行的效果，显得集聚和稳定，且具有强烈的形式感与纵深感。此类构图有助于增强构图的空间深度，能将观众视线引向中景、远景处的主体。此类构图的缺点是略显呆板，通常情况下在摄影创作中很少使用此类构图格式，但在某些广告摄影或者抽象摄影中会经常出现，因为利用此类构图可以产生一种别样的图案之美。

框架型构图在实际拍摄创作中，框架的整体亮度暗于框内主体景色的亮度，以此来形成强烈的明暗反差，若想在实际的创作当中选用此类构图，需要注意框内的主体景物不能出现过度曝光与曝光不足等问题。此类构图用在短视频的拍摄中会让观众产生一种被窥视的感觉，使得画面充满了神秘感，以此来激发观众的观影兴趣。

采用此类构图方法拍摄短视频时，拍摄者一定要注意被摄主体与主体外框架部分须保持平行，尽可能地做到"横平竖直"。框架可以是多种形状的，如：拍摄者既可以利用拍摄现场的门框进行框架的搭建，也可以利用主体外其他的景物搭建框架。

图 3-7　框架型构图示例（刘桐 摄）

（八）压迫式构图

压迫式构图最大的特点是将画面空间压缩，尽量压向构图主体事物的中心，此类构图方法会使人产生一种仿佛呆在罐头里的压抑感。

图 3-8　压迫式构图示例（刘桐　摄）

（九）中心构图法

中心构图是将画面中的主要拍摄对象放到画面中间。一般来说，画面中间是人们的视觉焦点，一般人们在看到画面时最先看到的就是画面的中心点位置。在短视频创作过程中此类构图方法的优点为：抓拍方便、易于学习、适用范围较广，且能够使被摄主体明确、突出，而且画面可以较容易获得左右平衡的效果并且不受画面尺寸的限制，此类构图方法的缺点是拍摄出来的画面会显得凌乱，若操作不当会影响画面的整体效果。

图 3-9　中心构图法示例（刘桐　摄）

（十）九宫格构图法

九宫格构图法也被称为"井"字构图法和黄金分割法，九宫格构图法利用画面中的上、下、左、右四条分割线对画面进行分割。这四条线形成画面的"黄金分割线"，四条线的相交点是画面的"黄金分割点"。通常在拍摄全景时，被拍摄主体会出现在黄金分割点上。在拍摄人物时，黄金分割点往往是人物眼睛所在的位置。

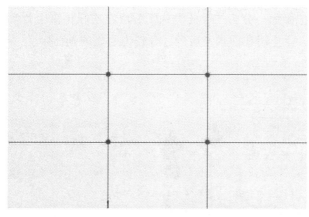

图 3-10　九宫格示意图

采用九宫格构图法能够使画面呈现出变化与动感，且富有活力。当然，这四个黄金分割点也带给人们不同的视觉感受，处在画面上方的两点带来的动感要比画面下方的两点带来的动感强，且处在画面左侧的两点带来的动感要比右侧两点带来的动感强，因此在实际拍摄中要重点注意视觉平衡的问题。

图 3-11　使用九宫格拍摄示例（刘桐　摄）

（十一）二分构图法

二分构图法是把画面一分为二，此类构图方法在实际拍摄中常常被应用到风景画面的拍摄中，同样也广泛应用在前景与后景区分较为明显的画面中。

图 3-12　二分构图法示例（刘桐　摄）

（十二）三分构图法

三分构图法，也可理解为是简化版的"黄金分割"，利用此类构图法可以避免出现对称式构图。三分构图法是将画面横向三分或者纵向三分，因此也被称为横向三分法和纵向三分法（或水平三分法和垂直三分法），顾名思义就是将画面分成三等份，被拍摄主体可以放在任意一份的中心，此类构图方法适合用于表现多形态平行焦点的主体。

采用三分构图法拍摄的画面简练，能够鲜明地表现主题，是较为常用的构图方法之一。如在拍摄带有地平线的风光类短视频时，拍摄者可将地平线置于画面三分之一处；在拍摄人物类短视频时，拍摄者如果把人物置于画面中心会略显呆板，这时就可考虑将人物放在画面的三分线上，这样带来的视觉冲击会更强烈。

图 3-13　三分构图法示例（李生辉　摄）

（十三）引导线构图法

引导线构图法是利用观众的视觉路径来构图，使观众的关注点汇聚到画面的主体上。利用此类构图方法可使让画面产生较强的纵深感，让画面中的前后景物相互呼应，使画面产生较强的立体感，并且可以有效地划分画面的结构层次与分布情况，使画面结构分明。此类构图法适用于对大场景及远景的拍摄。

在拍摄短视频时，我们可以先确定好引导线，再考虑如何构图使效果最佳，最后利用视觉路径将观众的视觉引导到画面主体上。

图 3-14　引导线构图法（李生辉　摄）

（十四）建筑构图法

建筑物具有不可移动性，因此选好拍摄点对取景构图来说至关重要。拍摄点的正确选择有利于表现建筑的空间、层次和环境的位置。建筑主体的空间性是建筑物的一大特性，层次感则可表现空间的变化和深度，环境衬托建筑，创造一种气氛。

建筑构图法是指在拍摄都市建筑时，避开与主体无关的其他事物，尽所能充分地展现建筑拍摄点，以此获得理想的构图效果。在拍摄建筑短视频时，在高视点的取景能够较好地表现出建筑群的空间层次感。

在采用建筑构图法拍摄短视频时，若采用极低的机位，加上鱼眼效果，再通过极端水平、垂直的拍摄角度，可以实现令人惊叹的画面效果。

图 3-15 建筑构图法示例（刘桐 摄）

（十五）封闭式构图法和开放式构图法

封闭式构图法讲究画面的整体和谐、严谨，具有完整性，是常用的拍摄手法，通常表现和谐、具有美感的风光拍摄和平静、优美、严肃的人物主体或纪实性场面。

开放式构图与封闭式构图相反，它的画面不是展现相对完整的信息，画面中的某个要素可能是被切割点的一部分，也可能是完整的形象。换句话说，画面内可见元素与画面外的不可见元素会发生某种关联，观众看到的只是作品实际大小的画面，但是却在头脑中产生更大、更广的画面。

图 3-16 封闭式构图示例（李明 摄）

图 3-17　开放式构图示例（李明 摄）

（十六）紧凑式构图法

紧凑式构图法又可称为满屏式构图法，利用特写和放大，呈现出饱满、紧凑、细腻、微观的感觉。在短视频创作中，此类构图法通常用于刻画主体和表现局部细节等。

图 3-18　紧凑式构图法示例（刘桐 摄）

 第四章
粉丝爱上"剪刀手"：短视频的剪辑制作

近年来出现越来越多的"抖音达人""B 站（BiliBili 网站简称）up 主""微博网红""Youtube 大神"，他们依靠优质内容视频的输出赢得了百万甚至千万的粉丝，在获得流量的同时也完成了变现。而想要制作出优质的视频内容，后期剪辑尤为重要。优秀的剪辑不仅可以使视频内容锦上添花，在一些特殊的时候剪辑师甚至可以变废为宝，把一些看起来无用的视频剪辑成片，从而拯救一条视频。当代媒介的不断视频化，使后期剪辑越来越得到重视。

短视频拍摄完成后，剪辑师的工作就开始了。剪辑师对短视频最后的输出成片质量有着非常重要的影响。在对短视频剪辑与包装的过程中，剪辑师需要注意以下几点：

（1）梳理素材，明确思路。

（2）精雕细琢，巧用特效。

（3）声画结合，触动心弦。

（4）优化结构，把控节奏。

（5）制作字幕，聚焦升华。

第一节　梳理素材，明确思路

一、研读剧本

在开展剪辑工作之前，首先要做的工作就是研读分镜头脚本或者剧本。如果整个片子的剪辑工作是由一个团队来负责的，那么各项工作在开展之前，各个剪辑工作人员都应该研读剧本。如果整个剪辑工作是由一个人来完成的，那么就需要剪辑师在整理素材之前研读剧本。

二、明确思路

在短视频制作中，素材的积累与整合对后期的成片是非常重要的，所以这就要求剪辑师合理、高效、高质量地利用已拥有的各种资源，这样才可以大大地提高工作效率。视频的剪辑是为短视频赋予第二次生命的一个过程。那么在剪辑的过程中，剪辑师需要

明确思路，要将自己对整个短视频故事情节的理解投入其中，这就意味着最后的成片会突出哪些方面都是由不同的剪辑手法决定的，所以剪辑师必须要对短视频想表达的主题有足够的理解，这样才能让视频的剪辑工作突出核心和重点。

三、转换格式

互联网的高速发展，让各类视频软件层出不穷，这就导致了视频格式的多样性出现，为了后期的方便制作，我们需要将格式转化一致。从网站上下载的视频素材，格式多为MP4、3GP、AVI、MKV、MPG、FLV等，这时候就需要我们去借助一些视频格式转化的软件（如格式工厂、魔影工厂、奇艺 QSV 格式转换器等）对视频格式进行转化。不管是"OK 条"还是"NG 条"，所有的素材都需要进行转码。

四、整理素材

在短视频剪辑中，应当将所有素材都放进非线性编辑系统，所有素材都要让剪辑师看得到。换句话说，一个具有责任心的剪辑师需要看所有的素材（不管是"OK 条"还是"NG 条"），只看"OK 条"的剪辑师是极不负责任的。现实情况下，部分剪辑师或者剪辑助理为了能够多、快、好、省地完成视频的制作，只看"OK 条"甚至直接只用最后一条视频，这是非常不负责任的，一名演员的表演，也许在刚开拍时的第一条开头部分就表现得很投入，呈现出来的效果也是极佳的，之后在第三条的中间部分表现得很好，而最后一部分的最佳表演出现在第六条，在实际拍摄创作过程中，OK 条并非是最完美的，也有可能是在种种客观因素下"妥协"的产物，这个"妥协"原因包括 NG 条数太多，导致导演判断力下降和审美疲劳等。所以，一名优秀的剪辑师应该充分考虑到这一点，在筛选素材时将范围扩大到 NG 条，说不定会有意外的惊喜。

五、甄选素材

现在的导演都是尽可能地在各种景别里多拍素材，这种情况下大量的素材处理给剪辑师提出了更高的要求——剪辑师需要做出取舍。导演有时希望拍摄的素材都用上，但作为剪辑师需要有自己的判断，确实没有使用价值的镜头就不要用，哪怕它很好看，否则就会出现为了镜头美而堆砌镜头，陷入过度剪辑的泥潭的情况。

素材越多，就越需要有一种高效整理素材的方法，每个人整理素材的方式不尽相同，只要是能提高工作效率，适合自己的就是好方法。条件允许的情况下，作为一名剪辑师，从第一个镜头开始就要自己剪。不应该有让助理粗剪、剪辑师在助理粗剪的基础上进行修改的情况，事实上，好莱坞有名的剪辑师都是自己剪片子。因为自己剪，会认真看每一条素材，会从一开始就判断每一个镜头画面的价值，如果只是在助理粗剪的基础上改，很多没有用到的素材和镜头内容对剪辑师来说已经是不可见的了，那么最终出来的片子效果会大打折扣。另外，只有看过所有素材，才能在最后跟导演精剪以及进行电影的各种版本修改的时候做到心中有数,保证在最短的时间拿出替代方案。

活用素材,树立全局观,不要将眼光只局限在某一场戏。如在剪一场戏时,缺一个镜头,可以从其他场次的素材中巧妙地"借用"合适的镜头,这也是为何剪辑师要自己看素材和粗剪的原因所在。

一个镜头拍了很多条,最终把某一条素材放到时间线导航选取的依据是什么?最重要的依据是演员的表演(当然技术也是至关重要的),表演最重要前提是在设计、灯光等一系列的技术条件都成熟,如果推拉摇移基本的运镜都不稳定,构图存在技术性问题,灯光和话筒穿帮,那么这样的镜头可被称为废镜头,即使演员表演呈现的效果极佳也无用武之地。另外,在后期一些技术事务能弥补的情况下,表演依然是最重要的判断标准。如:相对于其他条,某一条素材演员的表演极其出彩,比其他条更能体现创作的主题,但在某个地方话筒入画了一点,由于可以在后期擦除话筒,因此还是可以考虑选择这一条素材。

如果导演希望能立马看到刚拍完的戏的整体效果,或者想检查是否有缺失的镜头,在这一情况下可直接选取第一镜的最后一条素材快速地把正常戏搭出,待到正式剪辑阶段,再仔细审阅所有的素材。

通常情况下,在创作过程中某个镜头的多次拍摄,或者是导演的拍摄要求,或者是演员自己创作的需要,不同条的拍摄手法和表演方法也可完全不同,这种情况,需要剪辑师仔细审看素材,结合导演对影片总体风格的要求,结合本场戏的情绪状态和节奏做出正确的选择,或者直接剪出几个不同的版本供导演参考选择。

剪辑第一步梳理素材的过程如图4-1所示。

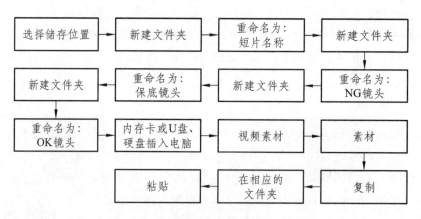

图4-1 剪辑第一步梳理素材的过程

六、合理取舍

短视频不同于长视频,需要在十几秒的时间内传递大量信息,因此在素材的选择上,要选择含义较丰富的画面进行剪接。

七、横竖有别

如今短视频的趋势是竖屏播放，竖屏存在着景深不够，主体不够突出的问题，所以在短视频剪辑和素材的选择上，应该要选择主体人物明晰，背景清晰且干净的镜头，不要让多余的事物出现以影响观感。具体可参考竖屏电影《悟空》。

竖屏电影《悟空》请扫码观看

八、确定主题

主题的确定对短视频能否吸引更多受众起着至关重要的作用如以下案例。（每个案例请扫码观看）

"一条"主页及作品请扫码观看

"二更"主页及作品请扫码观看

"梨视频"主页及作品请扫码观看

"陈翔六点半"主页及作品请扫码观看

"一禅小和尚"主页及作品请扫码观看

"会说话的刘二豆"主页及作品请扫码观看

以上知名视频博主都具有着很强的代表性和可参考性，他们拥有大量的受众和粉丝。观看并分析一些成功案例可得出，短视频在制作过程不仅要关注视频的整体风格以及传播方式，还应该选择合适的话题，以确保能够引起广大受众的共情。因此在创作选题时，要考虑到近期热门事件与热点话题以及与人民群众实际生活密切相关的话题。比如：抖音 2020 年上半年度涨粉最快的博主——大能（赵赫）是一名改装表的工匠，2020 年 5 月 6 日开始做抖音，从零粉丝到一百万粉丝用了 15 天的时间，38 天内圈粉六百万，目前粉丝数近千万，"吸粉"速度惊人。"蹭热点"便是他涨粉的一大"法宝"，可见在制作短视频前要确定好主题，并结合账号的定位和需求"蹭热点"，不是盲目地"蹭"要有选择性地"蹭"，若热门事件与热点话题与自身账号及自身所涉及的专业知识领域无关不可盲目地蹭。大多数网红视频博主都注重采用独特方式，利用富有创意的语言与视角，对事件及事件背后发生的原因即为什么产生这样的结果进行分析和阐述，保证短视频制作的成功。

"大能"主页及作品请扫码观看

第二节　精雕细琢，巧用特效

在制作短视频的过程中，会使用 AE 软件（Adobe Effect）是我们必备的一个技能，不管是在"BiliBili"视频网站还是"西瓜视频""快手""抖音"等短视频平台都充斥着带有特效元素的视频，在特效运用添加软件中得最广泛的当属 AE，它可以帮助用户迅速地将创意转换为现实。

一、熟悉软件面板

在 AE 软件安装完成后，可以先熟悉 AE 面板各个工具的功能，例如：怎样新建合成、如何渲染和导出、如何运用表达式等。基础打扎实，对之后的学习就相对轻松多了。

AE 由各个重要的面板构成，而面板是作为软件功能的集合而存在的，每个面板都由各自主要的功能所支撑，互相搭配，配合共同建造了整个 AE 的系统界面。

首先来看看菜单栏（图 4-2）。

图 4-2

菜单栏的功能命令贯穿了整个 AE 的使用过程，从文件选项中的新建项目、打开项目到导出素材到编辑选项的粘贴、剪切、复制；再到合成选项的合成新建、设置及预渲染的合成；再到图层选项的图层新建设置以及蒙版和路径的绘制；再到效果选项的效果添加；再到动画选项的关键帧及曲线的调整，都贯穿于整个 AE 的使用过程中（见图 4-3 ~ 4-5）。

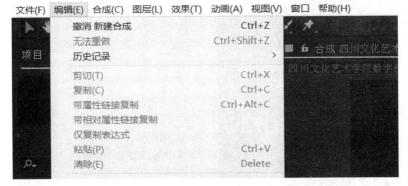

图 4-3

图 4-4

图 4-5

其次**视图选项**里面的功能主要由显示标尺、添加标尺和添加参考线等构成。这些功能主要会应用在查看器窗口，其目的是辅助图形制作以及添加视频特效。

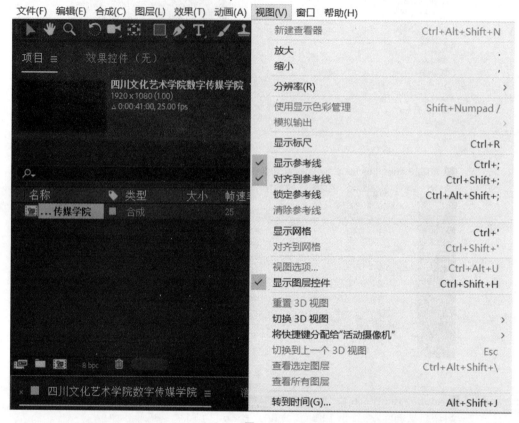

图 4-6

　　窗口选项栏的主要功能是针对 AE 界面各个面板的调用，窗口选项栏打了勾的，都是我们这个 AE 界面里面所存在的一些面板，而没有打勾的，在 AE 原本的界面里面是没有存在的，如果要用，就需要通过点击鼠标把它们调出来，而后使用。如果把现存窗口选项栏里的勾点掉，那么相对的 AE 界面的面板也会去除。所勾选的窗口是可以浮动调整的，不需要浮动时，也可把窗口放回去（见图 4-7）。

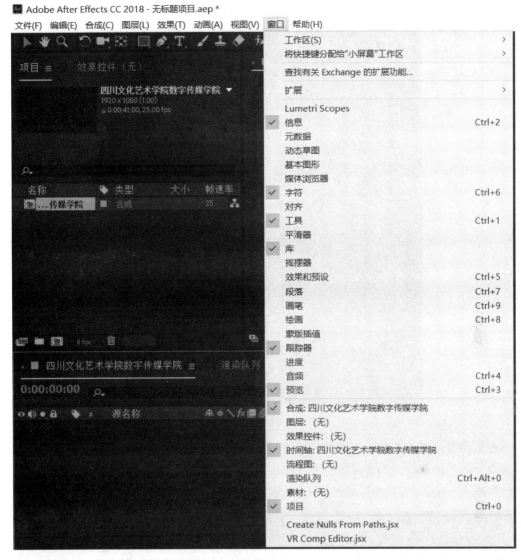

图 4-7

　　工具栏面板是 AE 里作用最强大的面板,每个工具栏所发挥的作用对剪辑之后的视频制作都有着关键的作用（见图 4-8）。

图 4-8

　　项目面板是用于一些素材导入以及合成的渲染输出的面板。素材可以在文件选项栏

通过点击进行导入，也可直接在项目面板通过双击导入素材（见图4-9）。

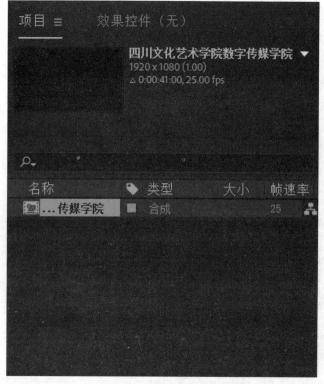

图 4-9

查看器窗口方便查看所使用的一些视频素材或者制作好的一些合成画面。将左边项目面板里导入的素材，单击鼠标左键并按住不松开拖到查看器窗口里，就可以看到所导入的素材了。同样也可以使用另外一种查看素材的方法——鼠标左键单击素材，然后双击。

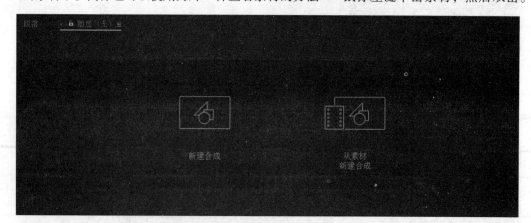

图 4-10

时间轴窗口中显示时间轴面板的最小单位是帧。其长度是随着视频素材的长度或者是所设置的合成的长度而定的，可以在项目面板里选择素材单击左键并按住左键不松开，来把素材拖到时间轴面板。时间轴面板作为调节关键帧以及添加特效和叠加素材的一个功能面板，其使用对剪辑来说是非常重要的。主要的操作都是在这个时间轴面板里面进行的。

二、明确学习方向

AE 的使用一般分为视频合成、MG 动画、栏目片头包装和剪辑等方向，在学习任何一个软件前，首先需要清楚和明白该软件的作用是什么，它们能为我们提供什么，如果使用它将会给自己的创作提供什么样的帮助。

合成在剪辑领域的地位非常重要，AE 中的合成是把几个视频合在一起，产生一个动态效果。也有人认为 AE 是一个动态的 PS，它的本质是一个做动态合成或视频合成的软件，合成包括了抠像、调色、文字、蒙版、追踪等。

MG 是 Motion Graphic 或 Mograph 的缩写，称为动态图形或者图形动画，也可把这种形式理解为一种表现风格。动态图形就是会随时间的流动发生形态改变的图形，MG 动画设计会把原本就处于静态的平面图像和形状变化以动态的视觉效果呈现出来，也可以将静态的文字转化为动态的文字动画。如：节目频道包装、电视电影片头、商业广告、MV、现场舞台屏幕、短视频、互动装置等都可以使用动态图形。

三、保持独立思考

对于没有任何短视频创作经验的新手来说，模仿他人的作品进行创作可以说是最好的学习方法。如果只是简单地对照教程复制一遍，对创作者个人的创作理念是没有任何作用的，若脱离了教程或者脱离了模板，还是什么都学不到。对着教程做出一个视频，但却不知道制作中的参数设置以及为什么使用这类参数。因此在学习每一个教程的时候，可以把里面的参数全部调整一下，观察视频发生了哪些变化，分析每一个小动作是怎么做出来，都运用了哪些工具，撤销这个效果在其他场景的用途以及如何演变在自己的项目中，这样就能知道它的原理，慢慢地在创作过程中不断加入自己的创意，保持自己独立思考的能力。

四、巧用模板

很多新手一开始有这样一个误解：收藏了模板就等于学会了制作视频，其实不然，AE 插件众多，需要长时间使用和学习才能熟练使用。而在众多的 AE 插件中常用的包括以下这几类：Traocide Suit、Element3D。

AE 是专门针对短视频特效制作的一款软件，在网上有很多的 AE 模板，熟练使用可以让我们事半功倍。在 AE 中怎样套用和下载完整的模板？首先需要在资源网站下载模板，下载的时候一定要看清楚这个模板是 AE 的哪个版本制作而成的，一般低版本的 AE

软件是无法打开高版本的模板的。那么在打开的 AE 软件里面，选择打开文件的时候，尽量选择无插件版本的源文件去打开，如果模板的 AE 版本低于现在的版本，再打开的时候会提示进行版本转换，通常一些模板里面会用到很多外接插件，如果本机没有安装这些插件，就会提示进行安装。打开 AE 模板源文件时，先对各个合成进行研究与分析，如弄清楚文字在哪个合成里面进行替换。再找到目标合成，进行文字替换，此时注意文字不要过多，并在原图层上进行替换，而不是新建图层。在进行其他元素的替换时，如更改 AE 模板里面的灯光颜色，就需要点击灯泡图层进行更改。还有背景替换，若需要，也可将本地图片文件导入与背景进行合成。

五、多看多思考

影视后期制作是一门技术、艺术与文化相结合的产物，如果仅仅只是懂一些技术，是远远不够的，影视剪辑需要具备良好的美术素养和真正的影视设计师思维。最好的提升方法就是多看别人的好作品，多看电影，去揣摩别人在剪辑过程中的构图思路、色彩搭配以及布景。

六、巧用特效

蒙版是让图层显示遮挡一部分的一种特效功能，一般情况下被遮掉的部分要做成透明的样式。简而言之，蒙版就是把需要的地方显示出来，不需要的地方隐藏起来，因此蒙版也被称为遮罩。

转场简而言之就是场面转换，为了使转换的逻辑性、条理性、艺术性、视觉性更好，在场面与场面之间转换的过程中，需要使用一定的方法，也就是利用转场。转场是指两个场景即两段素材之间，采用一定的技巧，如叠化、划像、卷页等，实现场景或情节之间的平滑过渡，以达到丰富画面吸引观众的效果。

有以下多种方式的转场：（1）叠化转场：前一个镜头的画面逐渐消失后一个镜头的画面逐渐清晰的转场方式。一般来讲，叠化转场主要表示时空已经发生变化，短视频使用叠化转场会使时空的变化更加自然顺畅，亦可节省转场时间。（2）声音转场：用对白或者画外音等实现转场，是转场较为常用的方式之一。其主要方式是前一个场景声音的持续、后一个场景声音的提前进入，或者是前后画面声音相似部分叠化，声音转场可以引起观众的好奇心，也可以使短视频前后衔接更顺畅。（3）主观镜头转场：下一个镜头的内容是上一个镜头拍摄主体在观看的画面。主观镜头转场最大的优点便是使短视频连贯自然，同时让观众拥有代入感。

"抖音"短视频拍摄完成后，制作者往往会根据后期制作实际，为短视频添加滤镜特效、分屏特效、时间特效，或使用贴纸、选择封面等。

第三节　声画结合，触动心弦

短视频是融媒体时代的产物，因为它能够承载更多的信息量，声画结合、内容丰富、表现力强，深受用户的喜爱，在移动端传播中脱颖而出。短视频的背景音乐除了要配合短视频中故事内容的情节之外，还是短视频内容的重要表现形式。在选择背景音乐时，剪辑师要注意音乐的类型、节奏以及歌词内容是否与短视频表达的内容一致等。

一、用好声音，扣人心弦

（一）妙用音乐

普通且平淡的视频素材，遇到调性与之相融的音乐，并充分利用音乐中的情绪符号，也能够调动起观众的观看情绪，也可使观众心生共情。"抖音"短视频的配音部分可用"剪映"来实现，我们可以点击视频进度条下方的"添加音频"，选择"音乐"选项，"剪映"中设置了抖音收藏和导入音乐两个选项。同时登录抖音账号，可以将你收藏的音乐同步至软件，如果你想选择本地音乐，选择导入音乐即可。

在不同内容的短视频中，音乐的选用也要存在差异化。美食类短视频在选用配乐时也是颇有讲究的。美食类短视频是通过记录食物本身或者美食博主在吃食物时发出的声音来表现食物的一种质感和美味的，比如切菜的声音、煎炸的声音、液体流动的声音、博主在品尝美食时发出的呲溜的声音等。这种现场的同期声是能够最大程度地还原食物的真实感的，另外在剪辑的时候，我们为了让整个视频看起来更加完整、更加吸引人，通常也会在剪辑的时候加入适当的背景音乐，这里需要注意的是，不是任何一种流行的BGM都可以随意拿来使用，应当根据前期所做的短视频的定位来选择符合该定位的剪辑风格和配乐，剪辑时如果是快剪镜头，我们就可以选用相对比较轻松明快的音乐来作为背景音乐，如果我们的视频是结合食物来讲述该食物背后的人或事时（比如非物质文化遗产中的食物篇），那么就可以选择相对舒缓的节奏。因此，在表现食物的质感时，除了画面，声音同样是一个利器，如"密子君"的相关作品。

"密子君"主页及作品请扫码观看

对以往长视频的剪辑来说，要在剪辑时力求做到镜头衔接自然，注重画面的动静结合以及轴线的关系和景别等。短视频和我们长期以往接触到的长视频有很大的不同，尤其在剪辑的时候，需要在以往传统长视频的剪辑手法上做出一定的转变，在剪辑思路上也需要做一定的调整。尤其在制作新媒体短视频时，更应该体现出个人的审美素养和个人对某一事物的认知和理念相结合，这样创作出来的短视频才能具有个性化和符号化，这就要求剪辑师既要有对音乐有节奏感，也要对当下流行的、火爆的 BGM 有着敏锐的感知力，更需要剪辑师在剪辑时保持镜头的运动感，这样才有可能让平淡无奇的画面更具有艺术性和感染力，换句话说就是要让视频中的人物活动的速度与镜头运动的轨迹保持协调。如镜头是由高向低以俯冲的视角进行运动时，画面当中要突出表现人物是由高处跌至地面的，并且要在速度上有一致性，这样才能在视觉上给观众带来更加强烈的冲击力，如"西藏冒险王"的相关作品。

"西藏冒险王"主页及作品请扫码观看

（二）巧配人声

一般宣传片、广告片、微纪录片等形式的短视频基本会找专业的配音公司，配音公司会根据影片的风格选择适合影片风格的音乐，或气势磅礴或小清新。美食博主、美妆博主等自媒体博主，通常情况下会选择自己录制声音，像这种选择自己录制声音的，分为两种情况，第一种是边拍摄边录制声音，第二种是前期先拍画面，后期再根据画面进行单独配音。短视频配音一定要注意录音的场景，录音选择一些安静的室内进行，有条件的可以选择一些环境安静的室内录音棚进行录音。在录音设备方面，在条件允许的情况下最好选择专业的录音设备，如小蜜蜂、H4n 等。

在短视频的声音制作中，还有一种最常见的声音制作方法——机器人录音，目前最流行的方法就是让 siri 识别字幕后提取其声音。

二、做好字幕，画龙点睛

（一）标准化

在制作 vlog 短视频的过程中，如果我们把视听语言内容分开来看，往往不像一段完整的段落或者一篇完整的文章，它的语言断续、跳跃性大，段落之间也不一定存在逻辑性。但如果我们将语言与画面相配合，就可以看出视频整体的不可分割性和严密的逻辑性，这种逻辑性表现在语言和画面上不是简单的相加，也不是简单的合成，而是互相渗透、相辅相成、相得益彰。在声画组合中，有时是以画面为主，说明画面的抽象内涵；有时是以声音为主，画面只是作为形象的提示。

vlog 短视频的特点和作用：深化和升华主题，将形象的画面用语言表达出来。语言可以是抽象的概括画面，将具体的画面表现为抽象的概念；语言可以表现不同人物的性格和心态；语言可以衔接画面，使镜头过渡流畅；语言可以省略画面，即将一些不必要的画面省略掉。如"井越"的相关视频。

"井越"主页及作品请扫码观看

（二）口语化

vlog短视频面对的受众群体是具有多层次性的,除了一些特定的专业性比较强的vlog外，都应该使用通俗语言（口语）。如果语言不能通俗，而是令人费解、难懂，也就不能引起观众全身心地投入，这种听觉上的"障碍"会妨碍到视觉功能，也就会影响到观众对画面的感受和理解，当然这样就不能获得良好的视听效果，如"说方言的王子涛"的相关视频。

"说方言的王子涛"主页及作品请扫码观看

（三）准确化

由于 vlog 短视频是展示在观众眼前的，任何细节对观众来说都是一览无余的，因此对影视语言的要求是相当精确的。每句台词都必须经得起观众的考验，对于 vlog 短视频观众来说，他们既要看清画面，又要听见声音效果，万一有差别，观众很容易就会发现。如果对同一画面想传达的信息存在误解的可能，就应看视频制作者的认识是否正确和运用的词语是否贴切，与主题是否紧紧相扣，如果发生矛盾，则很有可能是语言的不准确表达造成的。

三、小技巧，大功效

（一）卡鼓点剪辑

卡鼓点剪辑简单来说就是把视频和音频节奏点对应起来进行的剪辑，一条好的卡点短视频能更有力地传递出短视频的内涵，并更好地诠释视频情绪。具体操作如下：首先打开 Pr（Adobe Premiere）软件，在素材库里添加想用的 BGM，将 BGM 拖拉到时间线上，开始播放音乐，每个音律最高点处通过点击"M"键添加关键帧，此时可多放几遍音乐以校对音律最高点的选择是否准确。不断校对每个关键帧以达到最准确的卡点效果，最后在变频机的每个关键帧位置添加相对应的照片或视频的重点帧。拿照片来举例，就是在关键帧处添加一张照片，添加完成后可以再播放一遍，以检测卡点的位置准确与否，按"Ctrl+M"键生成视频。

（二）利用镜头的缩放

在音乐的重音处，缩放同一段视频。通过缩放方式，达到一种重复、强调、突出的作用。往往在短视频的内容呈现中，可以达到出人意料的效果。

第四节　优化结构，把控节奏

一、节奏的呈现与意义

剪辑就是把所拍摄的大量素材，经过选择、取舍、分解与组接，最终完成一个连贯流畅、含义明确、主体鲜明并有艺术感染力的艺术作品。完成"选择""取舍""分解"和"组接"的过程其实就是在控制整个片子的剪辑节奏。那么想要把控好片子的节奏，就要对剪辑的过程有一个清晰而又深刻的认识。剪辑的过程可以通过图 4-11 表现。

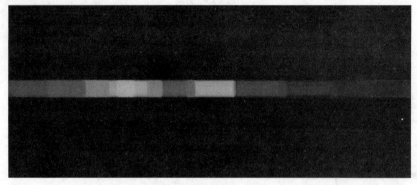

图 4-11

可把图 4-11 中的直线理解为原始素材，为一个标准的时间进程。

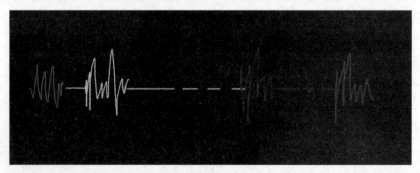

图 4-12

控制剪辑整体节奏的过程，其实就是把图 4-11 的直线经过剪辑演变到图 4-12 的折线和虚线的过程。首先，我们可以把这两条线理解为时间的变化进程，图 4-11 相当于标准时间，图 4-12 相当于打乱了原来的标准时间，在剪辑的过程中进行创作后所呈现出来的经过延长或缩短的时间。对于剪辑过程中一些重要事件或想要通过某个重要的画面突出的主题，在图 4-12 中通过虚线表现出来。虚线表会将原有的标准时间拉长，这里的镜头量肯定是非常多的。折线部分就是把标准时间缩短的部分。折线的标准说法有两种：一种是虽然不重要的，但又不能没有的事件，那么在处理这样的事件时，就要把里面没有必要保留的一些话或者动作进行取舍，从而达到时间快速行进的效果；第二种就是剪辑师需要快速给观众呈现出一个结果但不必要去交代事件发生的过程和一些不重要的事件，可以用一些快剪的方式来对其进行处理。图4-11中有一些颜色是在图4-12中没有的、删掉的部分，那么这些就是不需要讲述的内容。

其实也可以把图4-12视为音乐的波形。在剪辑师剪辑的过程中，使用的镜头及镜头的长度以及剪辑点的选择其实跟音乐的旋律有一个节奏上的共性。一首好听的音乐是有节奏变化的，如果没有一个前奏和主歌部分的铺垫，肯定没有副歌部分的爆发。折射到我们剪辑中，如果全是一个节奏的平铺直叙，观众会产生审美疲劳，甚至会觉得枯燥乏味而看不下去。就像这两条剪辑节奏线，如果全程都是直线，会让观众觉得整个事件没有主次，甚至觉得整体比较混乱，主题不够突出，这样观众会觉得视频很无聊且无趣。如果全程都是虚线，那么观众会觉得整个片子所呈现出来的画面和画面讲述的事件都是重点，同样也会给人带来一种主次不分且主题不明确的感觉，观众会越看越累。

总而言之，控制剪辑节奏就是通过一些剪辑手法有快有慢、主次分明、突出重点地讲清楚故事，让片子变得张弛有度。

二、节奏把控的方法

（一）内容节奏把控

内容节奏，也可以理解为心理节奏。心理节奏可以理解为，片中人物的心理节奏和剪辑师自身的心理建设。片中人物的心理节奏，直白点讲可以理解为"人设"。首先需要明白什么事件对这个人有刺激性，比如一个共情点、一个笑点、一个泪点、一个燃点等。剪辑师自身的心理建设，需要完全地把自己从剪辑师的角色中抽离出来，站在观众的角度审视片子。所以要想控制剪辑节奏，首先要控制内容节奏，即心理节奏。

剪辑师可以通过观察人物的行为方式来感受到人物的心理节奏。然后再去安排什么时候起情绪，什么时候这个情绪到达高点，剪辑师还要站在观众的角度思考。在处理完每一个人物的内容之后，剪辑师要把自己完完全全地当成一个观众，在假设不知道后面的镜头是什么的前提下，跳脱出来看自己剪的片子。比如："这个点这样处理会不会有点长，是否有点反复？""这个泪点有没有触动到自己呢？""在该燃的点，自己作为观众有没有感到热血沸腾？"剪辑师要带着问题，并把自己当成是一个懂剪辑的观众去看自己剪的片子，才能把控好剪辑过程中的心理节奏。

（二）细节节奏把控

"把控短视频节奏感"也可理解为是将画面与背景音乐相结合，在剪辑过程中插入背景音乐，根据音乐的节奏变化来控制画面的剪切过渡。我们可以在音乐节奏舒缓的时候

放长一点的镜头，如交代情节的镜头；在音乐节奏快的时候，提升剪辑速度，放一些画面内容有强烈动势的镜头，如挥拳、奔跑或者镜头的急推急拉等。所以利用背景音乐控制节奏，不会使短视频节奏过快，也不会使短视频过于平淡，同时也可以从视和听两个角度出发吸引观众的注意力，提升短视频的可看性。

三、剪辑的逻辑与结构

粗剪阶段的主要任务就是搭建短视频的整体结构，这样做的目的是初步达到和基本还原导演或文案的表达意图，并按照文稿结构分段、分内容搭建整体结构，确保短视频信息量的完整。在粗剪阶段需要尽量保证短视频信息量的完整，所以信息镜头宁多勿少。要明确知道剪辑最重要的是整体，一定要有主次，主要突出部分要做好，次要部分稍微粗糙一点也可接受，要记住整个视频都是重点就是没有重点，整个视频一定要提出至少一个重点表现部分。

制作完成后，要在粗剪完成后执行对短视频流畅性与逻辑结构的检查工作，主要检查影片是否播放流畅，逻辑体现是否合理。

四、勤看、善思、多总结

首先我们可以多看一些不同类型的视频，不论是综艺、电影还是电视剧，都是丰富自己思维的重要方式和途径。做每个项目的过程都是一个消耗的过程，消耗的是我们的想法和片中"点"的处理方式。因此我们要靠平时的积累将自己的想法慢慢丰富起来，才能让剪辑师的剪辑手法紧跟当下的市场需求。然后，我们在平时多揣摩自己创作的片子有什么不足的地方，利用哪种剪辑方法呈现出来的效果会更好，多思索在某个电影片段或者短视频片段的处理方式能否借鉴到自己所创作的片子中。这些思考都会影响到我们以后的工作开展。最后就是多总结，在每个项目结束的时候，一定要总结一下自己在每个项目的不足和收获。这既是一个沉淀的过程，也是一个反思的过程。如果做完一个项目能取得进步，那么这个工作对创作者而言就是有意义且具有创造性的。

第五节　制作字幕，聚焦生化

在短视频的制作过程中，有时会需要借助文字的形式来表达视频内容，字幕的作用就因此体现出来了。添加字幕的方式有两种，一种是在计算机端添加字幕，一种是在移动端添加字幕。计算机端添加字幕可以使用 Pr 软件。

一、添加字幕

以给"抖音"短视频添加字幕为例，"抖音"短视频在"剪映"中添加字幕的流程如下：导入视频后，点击下方的"文本"，进入字幕编辑栏。这时可看到以下几个选项栏：新建文本（需要创作者根据需要手动输入字幕）、识别字幕（导入视频中的人声后，软件自动识别字幕）、识别歌词（导入视频前已根据需要添加了音乐，软件会自动识别出音乐中的歌词）。输入文字内容后，还可以选择字幕样式、字体、颜色、气泡等模板进行创作。

二、字幕视频

字幕视频是一种短视频平台非常流行的内容形式。作为一种新的表达方式，字幕视频的制作成本低、周期短、独立就可完成，目前深受内容创作者们的喜爱。要想快速上手制作视频字幕要注意以下几点。

首先我们需要找到一款适合自己的 APP，目前手机上制作字幕视频的主流 APP 有三款："字说""美册""快影"。

"快影"作为"快手"专属的视频编辑软件，可以为视频添加简单的倒放、变速、转场效果且操作便捷。字幕制作流程如下：首先用户在打开快影的软件后，选择底端的"+"按钮导入手机本地的视频素材文件。在进入视频编辑界面之后，接着点击底部"T"按钮，这样就能够添加字幕进行编辑了。添加字幕的方式分为两种：一种是通过语音识别自动添加，另一种则需要手动编辑。自动添加的操作：可以将含有旁白声音的素材导入"快影"，然后选择字幕，软件就会开始自动识别字幕了。因此需尽量使用普通话，这样辨识度较高。屏幕上方提示正在识别语音，而且可以看到语音识别的进度。识别完成之后，点击手机右上角的完成按钮即可。手动添加：如果编辑者对语音识别不满意，可以手动进行编辑，拖动视频进度条，输入相应的字幕之后，我们还可以随意调整字幕的字体格式、大小、颜色等，让字幕和视频内容更好地贴合在一起。"快影"是一款简单易上手的视频拍摄、剪辑和制作工具。"快影"在制作字幕视频的时候还有一些不足的地方，但是通过一些操作，用户自己也能弥补这些不足。

"字说"：一款可以制作文字动画视频的 APP，利用这个 APP 在手机上即可制作出有动画效果的文字动画视频。本地视频只能语音识别，一键生成文字动画视频，文字动画细节可随意编辑，且可以设置字体效果和风格。

"美册"：一款视频制作软件和视频剪辑软件，拥有视频编辑功能、特效视频模板、文字视频、拼接视频、3D 环绕音效视频、视频自动加字幕；支持视频去水印，用马赛克和视频裁剪等方式可移除水印，支持视频 1080 P 高清导出，全面支持视频无水印上传。

三、设计字幕

1. 渲染气氛

一些视频通过字幕来树立短视频风格。如分享中国古典文学的短视频中，如果在视频中采用了现代的西方字体，往往是不合适的，而采用中国传统艺术风格的字体无疑更符合自身视频的定位和内容，如"九零"。因此，短视频在后期剪辑的过程中使用什么样的字体也是非常关键的，要符合账号自身的定位，以及要与所传播的内容风格相吻合。

2. 营造节奏感

字幕的设计除了可以解释画面并补充画面内容之外，还可以营造节奏感。比如"文字快闪"类短视频，这类视频通过将快闪的文字和画面内容相结合，再结合相适宜的音乐就可营造出强烈的节奏感，或表达紧张、忧郁的气氛。制作者通常会采用缩放文字使文字占据画面主体位置的方式，来吸引观众观看，同时也可以采用非常炫目的色彩来配合画面。

四、剪辑口诀

网络上整理出 26 条剪辑口诀如下：

由远全，推近特，前进雄壮有力量；

从特近，拉全远，后退渲染意彷徨；

同机位，同主体，不同景别莫组接；

遵轴线，莫撞车，跳轴慎用要记切；

动接动，静接静，动静相接起落清；

远景长，近景短，时长刚好看分明；

亮度大，亮度暗，所需长短记心间；

同画面，有静动，主次时长要分明；

宁静慢，激荡快，变化速率节奏清；

镜头组接有规律，直接切换最普遍简洁更顺畅；

相连镜头同主体，连接组接是突出主体引注意；

相连镜头异主体，队列组接为联想对比有含义；

瞬间闪亮黑白色，黑白格组接特殊渲染增悬念；

全特跳切表突变，两级镜头组接变化猛冲击强；

人物回想内心变化用闪回，闪回镜头组接手法最常见；

同镜头数处用强调象征性，同镜头分析还首尾相呼应；

素材不足相似镜头可组接，拼接弥补所需节奏和长度；

同镜头中间插入不同主体，插入镜头组接表现主观和联想。

 **第五章**

面对风口，占领市场高地：短视频的发布与运营

随着短视频平台的不断优化升级以及短视频行业的爆发式发展，大众开始迷恋集声音、图像、语言于一体的短视频浏览与分享这种影像社交形式。短视频发展进入快车道，成为新媒体行业新的风口。短视频行业的发展让影像内容以全新的样态进入了大众视野，不断丰富的内容呈现和不断多元的用户构成使短视频行业的竞争不断加剧，因此关于短视频怎么发展的问题已成为业界及学界关注的焦点，其中短视频内容的发布与运营也变得尤为重要。

第一节 甄选平台，择机发布

短视频内容的传播是借由基础性媒介来实现的——以短视频的形式呈现在多样的媒介平台上。因此，要想了解短视频的传播，对短视频传播的多种平台及其特性进行分析显得尤为重要。

主流社交媒体、新型短视频平台、传统视频网站、门户网站、电商平台以及各种手机 APP 等都是短视频传播的重要平台，这些媒介平台既为短视频的传播提供了渠道，同时也为其设置了复杂的平台机制。总之，短视频内容的创作与传播是立足于平台的，因此短视频内容需甄选合适的平台，选择最有利的时机进行发布。

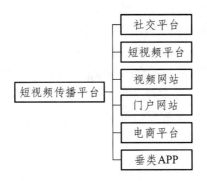

图 5-1 短视频传播平台分类

一、主流平台及其特性分析

(一) 社交媒体平台

社交媒体是指互联网上基于用户关系的内容生产与交换平台，它的出现为人际交流提供了新的渠道与手段。社交媒体占据的网民注意力是占绝大多数的，所以这一类平台成为短视频发布的重要平台。我们这里主要分析短视频内容的微博、微信。

1. 微博的特性及其短视频的传播特征

微博通常被视为一种社交化的大众传播平台，微博在公共信息传达与沟通方面的作用毋庸置疑，它以"随时随地发现新鲜事"的平台定位，成功地展示着、也维系着网络空间中的生态系统。

微博的传播结构为"个人中心"+"内容关联"。在这种结构中，每个个体的连接起点是原有社会关系，但一旦这个个体借助相应内容或是社会地位或影响力，就可以连接起众多的关系网，从而变成话语中心。

由此我们也可以得到微博的视频传播特点，首先，微博短视频传播具有开放性，以个体为中心，同时也能将外界信息随时吸引进来，点赞和转发功能就是一个让更多人参与进来的传播模式；其次，微博短视频传播具有社交性，社交性体现在：发布者的社交影响力在一定程度上决定了其内容的影响力和传播的速度及深度。

2. 微信特性及其短视频传播特征

微信的核心要义是社交，提供即时通信服务是这个平台的运行基础，除此之外微信的媒体价值也不容忽视，公众号就是微信平台媒介化的体现，可以说微信内容的传播主要靠微信公众号。有一定深度的图文内容在微信公众号的深耕，使得微信成为又一个媒体阵地。

微信的视频发布方式可以是发在朋友圈、以公众号发布以及以视频号的形式发布。朋友圈视频更多的是个人的表达，为的是和圈内的好友进行分享，它的传播是基于弱关系的传播，侧重于熟人的传播；公众号中的视频传播，更多的是对公众号内容的影像补充，是作为附属内容出现的，并且也有推送的次数限制，因此视频内容需要有一定深度，才能获取相应的播放率，也只有优质的内容才能维系和用户之间的黏性，这样的内容呈现和如今在"快手"和"抖音"快速传播的短视频内容不尽相同，无法真正进入到短视频内容的竞争中来。"视频号"这一平台的打造就是微信加大马力入局短视频行业的表现，如何拓宽微信的私域流量池，在短视频市场中，从头部的短视频平台那里分一杯羹，成为"视频号"不断改版进行引流的症结所在。

(二) 短视频平台

随着网络普及率的提高以及网络信息技术的不断发展和更新，影像成为重要的信息传播形态，新型的社交短视频平台的不断优化升级更是加剧了这一传播形态的流行，让影像成为网民们重要的消费内容。在如今的短视频行业，已经形成了"抖音""快手"两分天下，"美拍""秒拍""火山小视频"和"西瓜视频"瓜分剩余市场的基本格局，我们这里就"抖音"和"快手"这两个短视频平台进行分析，试图发掘其平台特性及传播特征。

1."抖音"的特性及其视频传播特性

"抖音"在2016年9月上线，最初以音乐短视频定位，提供酷炫的视频玩法，实现了用户"人人出演MV"的愿望，用户开始多为喜欢音乐、注重个性化的年轻人。

"对嘴表演"的模式是抖音发展之初就作为突破口主打的影像表达方式，这一模式中，用户可以直接使用平台提供的音乐、特效以及影像剧本设计，甚至一键完成视频的编辑效果，从而使得每一个用户都有能力完成一个专业视频。"抖音"的出现大大降低了影像制作的专业化门槛，让更多的年轻人参与到了视频内容的创作与社交活动中来，并成为一种潮流。

"抖音"凭借其背后的"今日头条"的数据支持，形成了一套自己的传播逻辑，即中心主义的推荐机制。在这种中心化的算法逻辑里，头部视频往往能进入到更大的流量池，进而获得更多的关注，对于用户来说，时间长的、互动较多的视频类型更多地被推荐观看，此类头部内容也更易出现在大家的视野中。

2."快手"的特性及其视频传播特性

"快手"以工具性应用的身份在2011年诞生，2012年开始转型为短视频社区，专注于技术赋能，使得"平均社会人"能用手机记录自己的生活点滴，找到感兴趣的内容，看到真实有趣的世界。

"抖音"的中心主义传播逻辑独具特色，而"快手"则与之不同，它奉行一种普惠的推荐机制，更重视对中小账号的扶持。"快手"的关注推荐和同城推荐是基本的评价环节，内容优质时才能扩大覆盖，从而使其拥有更多的曝光率，从根本上来说这一平台具有普惠的流量价值观。

（三）视频网站

这里的视频网站指的是传统的视频平台，用户通过网络观看视频的习惯正是由这一系列视频网站形成的，如今已经形成了"优酷""爱奇艺""腾讯""芒果"四足鼎立的格局。

视频平台以长内容为主，成为电影、电视节目的重要传播渠道，其相比星级卫视而言，凭借相对自由的创作环境、高度产业化的生产机制以及突破原有电视影响力的传播度，吸引了众多主流电视台的人才流入，成为内容创作的主力军。短视频也是此类平台的内容组成部分，短视频多以节目片段、花絮、采访等形式出现，也成为平台节目重要的衍生内容，以短小精悍的表达特色辅助着长视频内容的传播。

短视频这一影像形态早已成为一种表达方式，成为各类平台的重要内容形式，除了以上提到的主流社交媒体、新型短视频平台和传统视频网站、各大门户网站外、电商平台和各类APP也纷纷入局短视频领域，借助短视频形态进行着原有的平台表达，他们的入场也不断丰富着短视频的传播渠道，丰富着短视频传播的形态。

二、打通平台矩阵，整合式分发

短视频正成为主流的信息传播方式，成为各类媒体平台不可或缺的内容形态。对于媒体、企业等组织机构来说，聚合各家平台能量，搭建平台矩阵，对内容进行多平台分发和整合成为基本的运作方法。

（一）短视频行业格局

"赢者通吃"一词在媒体行业的含义就是：那些在技术、传播、规模上占优势的网络平台在数字经济市场拥有核心的地位，在庞大的用户群体中具有强有力的吸引力，成为形成行业格局的重要力量。

目前短视频行业中强劲的力量来源于短视频平台"抖音"和"快手"，他们扮演着行业核心的角色，成为短视频行业具有关键影响力的内容平台，聚集在这两个平台的内容展现出了惊人的社会力量，成为短视频领域的核心阵地。

如今的短视频赛道中，除了"抖音""快手"占据主要阵地，百度的"好看视频""全民视频"，腾讯的"微视"奋起直追，同时"微信""微博""小红书"发布的"视频号"也强势入局。这一动态的发展格局成为行业据点的主要呈现，也成为平台矩阵搭建重要的布局指南。

（二）聚力核心媒体阵地，形成关键竞争力

"抖音""快手"等短视频平台自然能依靠强有力的发展势头和极大的影响力聚集起大批的内容创作主体，并成为各个主体核心的媒体阵地，进行着规模化和持续性的内容分发。关键性的核心阵地发挥着其在短视频领域的关键竞争力，进行着用户注意力的争夺。

关于平台矩阵的搭建，可以遵循如下基本策略：第一，入驻头部视频平台，参与核心竞争，尽可能在最大的流量领地中获取一定量的流量红利，从而实现关键竞争力的形成；第二，找准自身定位，在完成核心阵地布局的基础上，在多样的平台选择中找到与自身内容更为契合的平台，在符合平台特性的基础之上进行内容基调以及风格的设定，从而形成"有主有辅"的平台矩阵。

三、把握平台红利期，实现跨越式发展

对于处于爆发式发展的短视频行业而言，"把握红利"不是一个陌生的策略，平台的扶持、资本的注入以及用户红利等发展契机都是稍纵即逝的。就平台的选择与布局而言，平台红利期是必须把握的关键时节点。

平台红利期是指平台为获得进一步的发展，推出一系列措施扶持某种内容发展的时

期，在这期间平台多进行流量扶持，投入大量的资金以及给于专业创作力量的帮助。目前就有以下平台呈现出相当程度的红利迹象。

（一）微信视频号

微信日活用户 11 亿，微信视频号却是初出茅庐的"一个人人都可以记录和创作的内容平台"，视频号生态虽尚未成熟，但仍然在流量红利期，有很多尝试的空间和生存空间。

视频号自 2020 年 1 月 21 日开始内测，后经过改版，让我们能逐步看到视频号的改变。首页四大模块的增加，让视频号不同于过去的单一信息流，它对内容的获取进行了分类，"关注""朋友""热门""附近视频"。后两个版块的添加让视频号从最初的依托于微信私域流量的局限走了出来，并有可能形成视频内容的公域流量池。

"微信之父"张小龙提到：公众平台曾经有两个"失误"，其中一点是"不小心将其做成了以文章作为内容的载体，使得其他形式的短内容没有呈现出来"，这个失误让微信"在短内容方面有一定的缺失"。微信公众号是更加适合有深度的图文或是漫画内容的，对于视频内容的生存空间是狭窄的，同时，"抖音""快手"将用户的视频消费习惯建立了起来，"微信"作为聚集了大量用户的一流平台，短视频内容版块自然不会落下，如今视频号补充了公域流量，势头强劲，可以说视频号的出现弥补了微信内容生态上的视频缺口。张小龙因此表示微信要发力短内容，也就是入局短视频领域，将微信的内容形态进行延伸，使其成为"一个人人可以创作的载体"。

（二）微博视频号

在 2013 年的短视频风口爆发前，微博就利用"秒拍"和"小咖秀"，占据了短视频的头部，但微博并没有看到短视频未来发展的广阔前景，也并未借助这两个老牌的短视频平台形成大众化的影像消费潮流。

2020 年 7 月 10 日，账号"微博视频"发布了"微博视频计划"，计划指出他们将在一年时间内为微博视频创作者提供现金分成、广告投放资源以及顶级曝光资源，目标是打造 1 000 个百万粉视频号，扶持 100 家视频 MCN 机构，月播放量做到 1 亿，帮助 30 家视频 MCN 机构，年收入做到 1 亿。微博针对优质的视频作者推出的扶持计划，包括账号成长、产品服务以及商业变现等一系列的服务支持和权益如图 5-2 所示。

图 5-2　微博视频号计划

"抖音""快手"的出现改变了广告主的广告信息意向，主要靠广告来维持收入的微博自然发觉危机四伏，想要在如今的短视频市场分一杯羹的微博，开始与微信火拼"视频号"，放出诱人的扶持力度，想要利用原有的社交平台优势，吸引内容创作者带着他们的粉丝在微博沉淀。

（三）小红书视频号

小红书是非常具有代表性的生活方式平台，月活用户超过 1 亿，平台有 97% 的创作者发布过视频笔记，近 70% 的活跃用户消费短视频。生活方式最适合的表达方式便是短视频，所以小红书势必会在平台内打造出视频创作环境，来突破原有静态的图文表达方式。

2020 年 8 月 15 日，"小红书"上线视频号百亿流量扶持计划，满足条件的视频创作者将得到优质内容的站内曝光，现金奖励、"小红书"运营的一对一指导以及给予优秀创作者签约的机会如图 5-3 所示。

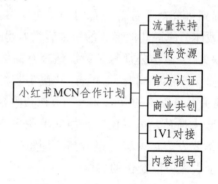

图 5-3　小红书视频号计划

无论是主流社交媒体的强势入局，比如"微信"打造的"视频号"打造，还是"小红书"这样的内容社区的延伸发展，都反映了短视频行业蒸蒸日上的发展势头，也不断创造着新一轮突破式发展的机遇，对于内容创作主体来说，应敏锐把握时机，以获取跨越式发展的可能。

第二节　适时互动，提高黏性

社交性是短视频的基本属性，而互动性则是社交性达成的条件。互动性是短视频生产的内在动因，这种互动性既体现在内容生产中，也呈现在平台的即时交流里。

一、分析用户需求，达成内容互动

（一）短视频用户画像

"知己知彼，百战不殆"。短视频内容市场中，"得用户者得天下"，了解用户构成，对用户群体具有清晰的认识，才能对用户需求有所了解，以创作出用户更为喜闻乐见的内容。

后台数据中用户的基础信息，比如性别、地域年龄、职业、学历等，也能成为平台以及创作者用户画像分析的来源。根据"艾媒咨询"的调查数据显示，2019 年中国短视频用户中，男性占 53.1%，女性占 46.9%，用户多为初高中人群，本科及以上学历用户的占比不到三成（28.6%）。通过这些信息，创作者应能认识到短视频内容创作针对目标对象是哪些人，才能在具体的内容策划中有的放矢，找准方向，一击即中。此外，通过福利活动、用户问卷、深度小组访谈调研等用户群体分析方法，我们能更加精准地进行用户画像。掌握了用户群体的共性以及追求后，对用户需求的判断将会更加精准，表层的、深层的、理性的、感性的需求都将成为内容创作的内核或者创意的来源。

（二）短视频用户需求分析

用户观看短视频的诉求不局限于娱乐放松，同时还有增长知识、满足兴趣方面的诉求。越来越多的用户通过短视频看到更大的世界，学到更多的知识和技能，并应用到自己的生活中去。

根据"酷鹅用户研究院"表 5-1 的数据，娱乐放松和打发时间是短视频用户最为一致的需求。除此之外，从短视频内容中获取知识技能、扩展眼界，在短视频中展示个人兴趣、学习感兴趣的小知识，以及通过其来了解热点事件以获得更多的谈资，和朋友有更多的话题等同样是众多需求中所不可忽视的。

表 5-1　用户观看短视频的诉求

娱乐放松	娱乐放松 80%
	打发时间 57%
增长知识	获取知识、技能 52%
	扩展眼界 39%
兴趣满足	探索和满足个人兴趣 47%
	学习兴趣小知识 28%
获取资讯	了解热点事件 36%
	更多谈资/话题 18%

1. 娱乐放松

学业上的压力，工作上的艰辛，感情上的困惑，还有家庭生活的琐碎，都让社会大众的生活倍感压力。短视频可以在不会耽误事的一小段时间内让深受生活之苦的人们逃离现实的压迫，舒缓紧张的神经，满足大众娱乐放松的需求。

2. 增长知识

信息时代，获取知识的渠道千千万，知识手到擒来，但正是在这个信息多到爆炸的时代，人们对自己掌握的信息充满了焦虑，抓住缝隙中的时间进行知识增长能在一定程度上丰富大家的内心世界，因此，就算是在"刷"手机的休闲时间，人们也想从这样的实践中获得一定的知识，以获得相应的技能，扩展自己的眼界。

3. 兴趣满足

个性化、趣味性的生活方式是大众所追求的，当一个事物既符合个体的兴趣，又能带来相应的兴趣提升的时候，大家都会对此投注更多的注意力，因此这样的视频内容也更容易成为受众喜欢的内容。

4. 获取资讯

看新闻、读报纸是过去了解信息资讯的途径，如今获取资讯的方式变得多种多样，加上短视频市场的巨大影响力，使得传统的新闻资讯媒体也开始了短视频领域的探索，短视频也就成了大众了解热点事件，获取资讯的重要途径，以此获得更多和朋友们的谈资和话题。

（三）以需求为导向，进行内容创作

根据"酷鹅用户研究院"的《短视频用户洞察报告》中的数据显示（见图 5-4），搞笑类、知识类的内容更受用户的欢迎。

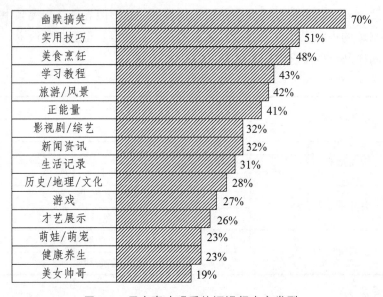

图 5-4 用户喜欢观看的短视频内容类型

幽默搞笑类短视频当然是短视频内容的重头戏，早期爆红的短视频很多就属于搞笑类的，直到今天，搞笑类的短视频在吸引用户方面依然具有十足的爆发力。可见用户对于娱乐放松类的短视频内容的需求是不容忽视的。虽然如今短视频市场格局基本形成，但短视频用户的增长到达峰值，搞笑类的短视频内容依然具有巨大潜力。

除了搞笑类，知识类短视频的内容同样获得极大关注，成为短视频创作的重要方向。其中包括实用技能、美食烹饪、学习教程、旅游风景等。这一受欢迎的内容品类也对应着用户普遍拥有的知识增长方面的需求，关注靠谱的知识类短视频博主成为短视频时代流行的学习方式。

二、利用平台设计，进行实时交流

平台互动基于内容互动。只有那些满足用户需求、符合用户趣味、展现用户品味的内容才会引发用户的驻足，在平台内外进行交流。

短视频平台进行的互动有点赞、评论、收藏、分享、转发、@好友、私信聊天等。短视频市场瞬息万变，短视频内容创作者层出不穷，内容创作者想要得到受众的持续关注，除了要持续产出符合用户期待的内容之外，就是要达到某种平台上的一对一的交流。这种交流产生的参与感和互动感，使得用户和内容创作者之间的联系变得越加紧密，这种紧密性就是粉丝黏性，这是保证流量的基础。通常通过以下几种方式来实现这种交流。

（一）评论区互动

视频点赞量的多少是视频内容是否受到关注及是否被认可的代表，但这种赞赏具有太多随意性，是极其不稳定的，而视频内容下面的评论数却能在一定程度上展现出内容创作者和用户们更稳定的交流。评论所代表的注意力是远超点赞的注意力的，评论区的热闹将在一定程度上赋能给内容。

"没有评论区的抖音是没有灵魂的"，抖音的评论区一度成为内容之外的第二阵地，就像是"B站"的弹幕、"网易云"的评论、"网易新闻"的跟帖一样，形成一种独特的社区氛围。评论区的互动也是抖音社交属性的来源，这种脱离于视频内容之外的UGC内容，可以产生身份认同感和归属感，产生超出内容本身的系列价值，内容创作者在利用这种特殊的属性时应注意以下几点。

第一，制造槽点，提出疑问，鼓励评论。可以在视频文案或是视频内容中对某些问题进行提问，引发讨论，以形成问答式的评论。

第二，在头部大号的热门内容评论区发布有趣的评论，利用大号流量引流。

第三，及时地回复评论区能实现一种一对一交流的效果，用户的参与感与交流感会增强。其中重要的内容是维护种子用户，那些活跃在评论区的用户是具有最强黏性的忠实粉丝，维系与他们之间的关系对提高评论率来说十分重要。

第四，参与精彩评论，有趣有料的神回复、金句型，吐槽性的评论能在评论区创造一种调侃的氛围，从而带动更多的"段子手"参与进来。

第五，基于评论区举办一些活动，比如评论点赞、转发抽取获奖者。

（二）后台留言互动

私信和留言管理也是用户运营的重要内容，私信的有效管理能完成与粉丝之间的沟通，增强与用户之间的联系，减少不必要的用户流失。这种互动大致可以分为人工回复和自动回复。人工回复即账号运营者进行回复，私信过多时则应安排有专门的运营人员进行回复，或是设置自动回复。当用户首次关注或者发送私信后收到的反馈如果足够新奇有趣的话，会给用户留下深刻的印象。

（三）粉丝投稿、粉丝采访

征集粉丝意见、投稿，进行粉丝采访也是用户运营的重要方法。粉丝的意见能促成创作者改进创作，在一定程度上给予创作者更多灵感；通过在某些活动中征集粉丝的投稿能在一定程度上让粉丝参与到作品当中来，这种参与感能创造一种紧密的联系；粉丝采访是一种深度的交流沟通方式，能一对一进行深度交流，这也是创作者深入了解粉丝想法的一种方式，无论是用作协助内容创作还是维系与忠实粉丝之间的联系，都能起到非常有效的作用。

（四）问答、直播、线下见面会

粉丝提出疑问，创作者进行解答，是常见的视频内容，简称 Q&A，是一种将视频内容和粉丝互动结合的内容创作方式；直播和粉丝进行交流也是如今重要的粉丝互动方法，这种方法最为直接，能达成创作者与粉丝之间最即时的交流，对于内容创作者来说，这样的方式也最能筛选出最为核心的那一部分粉丝，能创建一种核心的粉丝力量。除此之外，还有一种更为直观和隆重的互动方式，也就是线下见面会，这种在现实空间中实现的交流自然是最容易产生情感的方式。这种方式适用于粉丝群体较多，且注重粉丝黏性和寻求转化率的创作者。

（五）社群

如果说互联网的世界是"流量"游戏的世界，那么流量从何而来就是值得研究的问题。本书认为，"流量"的来源就是注意力，即粉丝的注意力。那么如何有效获取忠实粉丝们的注意力呢？社区的运营是其中一种重要的方法。将社群运营的理念应用到用户运营中来就是为了聚集起强关系的粉丝，由这些粉丝所建成的粉丝群是以视频内容创作者为中心的社群，群主可以及时地掌握核心粉丝们的意见，从而达到与粉丝共命运的状态。

三、保持账号活跃度

视频发布的持续性是非常重要的，除了根据用户画像而进行的内容互动和基于平台功能而实现的平台互动以外，账号能在内容上保持一定频率的持续更新，并且在互动中保持持续的热情，这是账号具有一定活跃度的表现，高活跃度能培养起用户观看的习惯，这也是粉丝忠诚度的来源。

（一）观看习惯的养成

观看习惯的养成，依赖于账号长时间进行的持续有规律的内容输出，利用规律性输出所产生的规律性观看就可以培养起用户固定观看的习惯。培养用户的观看习惯其实可以增强用户黏性，这是粉丝的培养过程，粉丝的价值转化就是从这种黏性关系中产生的。在这中间，内容发布的数量和发布的频率高低是用户观看习惯能否养成的关键。

（二）粉丝忠诚度的培养

互联网的时代是注意力经济的时代，能持续有效地吸引用户的注意力就是经济效益的最大化呈现。用户忠诚度是注意力竞争的核心。短视频也一样，能从持续优质的内容更新过程中培养起用户对内容的持续关注，形成粉丝忠诚度，从而为内容买单，为账号的品牌买单，最终才能将注意力转化为内容的影响力。

第三节　打造矩阵，合力出击

短视频矩阵的打造体现了一个短视频账号的规划与定位，这是一个短视频账号内容生产与发展的基础。一个清晰的账号规划与定位能为创作指明方向，也能为运营提供思路。

短视频矩阵的打造是指平台矩阵和账号矩阵的建立及运营。多平台多账号的矩阵搭建其实就是为短视频内容疏通渠道，从而创造更多的流量入口，实现粉丝的最大程度聚集。是打造多平台还是多账号矩阵，要根据具体短视频账号的传播目标及账号背后的资金及人力的投入来决定。

一、打造矩阵的原因

（一）内容服务细化

一般来说，无论是个人短视频内容，还是企业短视频内容，虽然其受众的定位都有一个核心的范围，但不断吸引更多的粉丝仍是一个视频内容保持生命力的方法，那么这里就会涉及一个问题，原本核心的受众群的需求本来就很多样了，现在面对更为宽泛的目标受众，他们的差异化需求如何满足呢？

最核心的办法就是进行内容拆分，将原有内容进行细化，可以进行不同类型和不同定位的打造，将细分后的内容按照垂直化的内容进行深耕，以此就能在一定程度上解决受众需求多样的难题，让不同年龄段或是不同兴趣偏向的受众群体都能在细分后的内容中找到自己感兴趣的部分。

（二）多账号协同

内容服务细化的解决办法除了内容本身的拆分外，还能借助多个账号来共同实现，针对不同受众人群以及他们不尽相同的兴趣方向，有针对性地开设不同的账号，通过账号与账号之间的联系建立起相应的链式传播，形成多层次"涨粉"的效果，最大化聚集资源。

账号联动是最大化利用平台流量的方法，可以采用"大号带小号"的方法，多号联合协同"获取"流量，让精良的视频内容能得到最大限度的协同传播。

（三）多平台引流需要

不同平台的用户构成不同，平台的内容取向也不同，多平台矩阵除了要进行内容分发外，还应该注意每个平台的传播特点以及运营模式，使得分发的内容能够适合不同平台的内容需要，契合平台的内容运营方式，以达到在平台流量中为内容增加曝光、吸引流量进入主账号的目的。

（四）分散风险

关注度是一把"双刃剑"，在带来流量、提升影响力、促进变现转化的同时，一旦视频内容引发负面影响，或是违背某些价值观导向时，就有可能成为争论的焦点，甚至有可能被限流或是封号，为了降低风险，面对可能出现的账号限流及账号被封等情况，建立一个联系紧密同时又各有所长的短视频矩阵是短视频创作和账号运营的安全之策。

二、短视频矩阵的常见类型

（一）团队矩阵

团队的每个人都是矩阵的一部分，凡是在视频内容中出现过，给粉丝留下印象，有记忆点的，都能以其为一个独立的分支进行内容的创作，这在目前的头部短视频创作者中已经很常见了。

（二）MCN 矩阵

依靠 MCN 机构，可以搭建起多种人设、多样品类、多元场景的内容矩阵，通过吸收已有一定影响力的艺人入局，并通过不断丰富的艺人阵容对旗下账号的人设进行补充；在内容创作中，尽可能多地呈现出各种各样的类型，从而展现多元的内容创作能力；甚至在场景呈现中，为了不出现重复的场景，要不断搭建或是寻找更多的创作空间，以创造新鲜感。

（三）个人人设矩阵

一个账号其实就是一个人设，短视频内容中呈现出来的人物形象总是鲜明和有穿透力的，也是更能给观众带来记忆点的，因此人设成为短视频内容策划的重要内容，一个性格鲜明的账号形象总是能让内容脱颖而出。"Papi 酱""疯产姐妹""何同学""朱一旦""野食小哥"等都是靠鲜明的人设给大家留下深刻印象的。

（四）独立的账号矩阵

相近体量和相似影响力的账号也可以进行合作，利用各自的粉丝资源，以达到互利共赢的效果，当然这种合作是建立在对粉丝的了解之上的，如果合作的作品无法被大多数的粉丝所认同的话，不仅无法达到合作共赢的目的，还会在一定程度上破坏账号在粉丝心目中的地位。

（五）家庭矩阵

家庭矩阵是把视频中出现的家庭成员分散开来，形成不同视角的账号内容，一方面因为家人间的亲密关系，可以使得账号之间的强联系在粉丝心目中形成，从而带动多个账号运行。常见的有情侣账号，情侣二人各自负责自己的账号，两个账号平时分享的内容互相作为补充，共同吸引对这一内容感兴趣的粉丝。同样的内容以两种视角来呈现，既满足了粉丝们的好奇，也能一定程度上保证两个账号的影响力。

（六）"爆款" IP 发展的细分类型

当某一账号吸引了大量粉丝的注意力之后，粉丝的数量便得到了增长，同时各种各样的粉丝期待就会被建立起来，一个账号无法兼顾这样多样的内容产出时，通过细分出多样的内容，在一定程度上可以缓解主账号的内容创作困境，解决主账号无法消化的粉丝需求，同时，也能将吸引过来的粉丝转移到同矩阵的账号上，避免粉丝的流失，从而有效利用原有的流量。"攀登读书"就是一个 IP 细化并进行矩阵搭建的例子，"攀登读书"账号的抖音粉丝有 800 多万，在"攀登读书"用户列表中我们还能发现，"攀登读书日常""攀登读书育儿""攀登读书解读"等账号一同构成了"攀登读书"在抖音平台的内容样态。

三、打造矩阵的模式

（1）账号资源的重复利用：第一种是用多个账号转发主账号内容，实行多轮的扩散；第二种是利用主账号的内容进行有针对性的选择发布。

（2）导流小号：相当于用小号来备份粉丝量，分散账号风险，预防出现大号被限流或者封号的情况，从而具备平台再生的能力。

（3）打造细分的垂直内容矩阵，形成一个庞大的内容矩阵，这样能最大范围地锁定自己的目标用户和粉丝群体。

（4）多平台矩阵，疏通新媒体渠道，最大范围地吸引目标粉丝群体，最大化地放大自己的品牌知名度和扩大影响力。

四、矩阵账号导流的方式

（一）客串合拍视频

合拍视频是常用的导流方法，此外利用评论区互动或评论区@对方、标题中@对方的方式，让粉丝的注意力在好奇心的引领下，再转移到这些账号身上去。

（二）关注矩阵账号

有影响力的账号一般都不会关注太多的账号，多是关注一些与自己有关联的账号，这也是分享流量的一种隐藏方法，粉丝喜欢并关注一个账号时，也会去关注账号本人所关注的内容，所以会顺手点进，从而导入流量。

（三）在个人介绍中标注

直接简明的介绍，也能在一定程度上影响或是引导粉丝的关注行为。一个找准账号定位和内容特色的标注往往能帮助粉丝理解账号的特色，进一步实现注意力的引导。

（四）给喜欢的账号点赞、评论

点赞、评论同样是账号之间相互推介的重要方式，微博中点赞是可以出现在主页中的，这同样也是一种引导注意力的方式。点开主页的粉丝是认可或是对账号的内容感兴趣的，那么对于该账号点赞的内容也会抱有好奇心，从而促成粉丝进行观看。当然在多个短视频平台均适用的方法是在视频内容的评论区进行评论，同样也能起到吸引粉丝注意力的作用。

第四节　分析数据，综合运营

数据是互联网时代的"晴雨表"，是基于行业监测与发展而存在的，是互联网世界的指示牌。同样，数据对于依附于网络媒介技术的短视频行业来说，也具有十分特殊的意义。

一、洞悉行业数据，抓住发展风口

行业数据报告多是由第三方数据公司针对具体的行业所进行的数据调查统计，一般分为公开型的数据和企业付费型的独家数据。

（一）第三方综合数据

自 2017 年以来，短视频行业搭上了互联网普及和信息媒介技术进步的快车，取得了引人注目的巨大发展，如今的短视频行业成为一个生命力旺盛，能吸引各个行业的注意力的新兴行业。正是因为如此，短视频行业的数据分析报告也成为数据公司的重要业务。

例如"艾瑞咨询"这一专注于新技术和新领域的数据公司就在以往短视频行业分析报告的基础上，在《2019 中国短视频创新趋势专题研究报告》中公布了部分数据内容，对中国短视频行业发展状况、短视频用户价值研究、营销创意及未来发展趋势都做了展现，同时腾讯网产品研发中心"酷鹅研究院"的《短视频用户洞察报告》对 2019 年短视频行业新趋势、用户洞察等数据进行了梳理，这些数据从行业研究的角度为短视频的基本业态进行了综合性把握，为短视频内容创作者、从业者以及相关学者提供了研究的思路与方向。

（二）平台开放数据

平台自身的特有属性以及平台内容的即时数据是非常复杂及专业化的，收集自有平台数据情况从而检测平台内容发展状况也成为各个短视频平台年度工作的一部分，部分数据也会整理出来进行公布，以便于相关行业从业者和内容创作者使用。

2019 年抖音数据报告部分数据如图 5-5 所示。

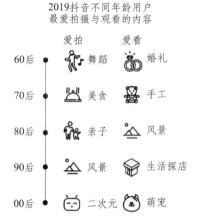

图 5-5　2019 年抖音数据报告部分数据（图片来源：抖音官方数据报告）

《2019 年抖音数据报告》将 2020 年初的"抖音"日活数据、"抖音"热门城市、"抖音"视频内容领域及其类型等内容进行了年度盘点，呈现出一个清晰的"抖音文化"样态。此外，《2019 年快手内容报告》在呈现平台特有数据的过程中重返年度现场、盘点年度人物、聚焦鲜活有趣的日常。

（三）服务型数据

随着数据分析变成短视频行业的常态化操作，众多的便捷、面向社会大众的数据分析平台相继出现，进一步将数据分析思维普及给了大众，如三大短视频数据分析工具"卡思数据""飞瓜数据""新抖"。如今的数据工具越发增多，视频创作者如何利用好这些数据工具提供的数据内容就成为新的难题。

正如各个行业所提及的大数据赋能的理念，数据分析在短视频运营中同样具有极大的指导作用，专业的数据分析能让短视频运营者了解到基本的行业现状和未来的发展趋势，"透视"到目前行业的热门"玩法"，在一定程度上发挥方向指导和创意驱动的作用。

二、把握平台推荐机制，实现流量最大化

平台的推荐机制就是平台的流量算法，对该平台的推荐机制了如指掌是运营短视频的基础。平台算法其实就是一套评价体系，上传的视频内容就是通过这样一个评价体系完成它在这一平台场域中的传播。

每个平台都有一个自己的算法逻辑，有的平台是一个中心主义的逻辑，比如"抖音"。"抖音"平台的头部内容是具有极大的曝光量的，这种曝光量使得头部的内容会出现在抖音页面的推荐里，这样的推荐机制，更容易形成一个中心化的内容，用户也更加依赖于这种由算法推荐得来的观看模式，从而加速这种中心化；有的平台奉行普惠的推荐机制，更重视对中小账号的扶持，比如"快手"。"快手"的关注推荐和同城推荐是基本的评价环节，内容优质时才能扩大覆盖范围，从而使其拥有更多的曝光率，从根本上来说这一平台具有普惠的流量价值观。

提到平台推荐机制就不得不提抖音的流量池推荐机制，在这一机制下，作品表现越好，流量池就越大。内容发布后会被第一次推荐，这个流量池是 200～500 个用户，主要是粉丝和附近的人，当播放量、完播率、点赞率、评论率等数据达标之后，内容就会被推荐到下一个更大的流量池，即 3 000～6 000 个用户，第三次推荐：1.2 万～1.5 万，第四次推荐 10 万～12 万；第五次推荐 40 万～60 万，第六次推荐 200 万～300 万，以此类推，最终完成一个热门视频的推荐。

在这一推荐机制下要想获得更大的流量池，内容的优质是基础，此外视频标题和类型也必须明确；视频清晰度足够，封面要有吸引力；互动要足够，要有足够的点赞、评论、转发。

三、分析内容数据，实时优化内容

进行数据分析可以指导运营策略。将数据分析运用到内容创作或是运营中去，可以起到提高效率、减少无效视频、实现流量最大化的作用。以"飞瓜数据"为例，这是一个专门致力于短视频数据分析的工具，分析的平台主要有"抖音""快手""B 站"这三个主流的短视频平台。它既可以做单个账号的数据管理，进行数据追踪，查看运营情况，知晓内容的传播情况，也可以检测平台热门内容，进行创意洞察，丰富创作灵感。此外还能满足营销推广的数据需要。

首先，各类数据平台界面普遍都会有一部分提供热门内容和创意洞察，可以起到帮助视频内容创作者贴近主流热点和向其提供创意思路的作用。如飞瓜的"热门素材"这个栏目下面就设计了热门视频、热门音乐、热门话题、热门评论版块，可以非常清晰地对平台热门的内容进行抓取。

其次，这些数据平台也会提供一个专门的工作台，进行添加账号的操作后就可以进行数据监控，包括新增的粉丝数、点赞数、评论数、转发数，根据及时掌握的数据走势，就可以第一时间确定运营思路，从而展开具体的推广计划。

除此之外，作品分析、粉丝数据概览、粉丝特征分析、涨粉作品分析等内容也可以通过平台的高级服务来获得。

　　总之，数据分析对内容优化与账号运营来说都极其重要。通过对热门内容的关注，创作者可以抓住热点，获取创作思路；通过账号发布的对内容数据的监控，可以及时了解内容传播效果，并及时开展相应运营工作；通过对自家或是火爆视频内容的粉丝进行精确分析，在一定程度上也能更加明确创作方向。

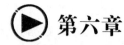

第六章
以小为傲，引领潮流：短视频的传播与发展

目前短视频的发展已经进入一个平稳发展的阶段，如今的短视频已经从一种新兴的影像形态变成了一种重要的表达方式，这种改变使得如今的信息传播呈现出"短视频+"的全新样态，新闻、社交、商业等领域纷纷进入短视频时代，进行着短视频化的变革与发展，短视频的流行趋势与未来发展方向已然成为行业发展的重要议题。

第一节　"短视频+"成为信息传播的主流化趋势

短视频凭借"短、平、快"的传播优势，迅速获得极大关注，成为重要的发展风口。各个行业领域纷纷入局短视频，"短视频+"的发展样态已成趋势。

一、"短视频+新闻"的未来形态

移动互联网的发展和媒介技术的进步，让信息传播的方式变得多种多样，新闻报道的方式随着技术的进步也在不断地改进，近年来，随着直播和短视频风口的到来，为缩小与公众的"时差"，传统媒体不断地追寻着公众的注意力，积极开拓短视频领域，竞相在短视频的生产与传播中寻求突破。

（一）新闻报道的短视频化

短视频新闻的发展可以通过对传统媒体的新闻生产的短视频化现象来一探究竟。下面分别对传统媒体所做的典型的转型案例做相关概述。

1. 新京报旗下——"我们视频"

"我们视频"是新京报在媒介融合以及短视频风头正劲的大环境下所推出的视频新闻项目，这一项目提供最新鲜、最热门、最有价值的新闻直播和短视频，倡导用视频的形式来呈现新闻热点和还原重要现场。

2016 年 9 月 11 日，新京报推出的"我们视频"正式上线，目前，微博粉丝 1 200 万，日均产量达 100 条，产出内容涵盖时政、社会、国际、经济、文娱、趣闻等多个细分领域，在众多热点事件的报道中都有较好的传播效果。"我们视频"在纸媒转型的探索中取得了重要突破，以专业的新闻生产力和开阔的互联网思维树立起短视频新闻的一面旗帜，成为传统媒体向新媒体转型的一个标杆。

2. 中国青年报、中国青年网短视频团队——"青蜂侠"

"青蜂侠"是中国青年网新闻采编中心在 2017 年组建的兼职团队，由"青独家"发展而来，2019 年中国青年网和中国青年报正式融合，从而独立出来成为中心级的短视频新闻资讯的内容生产部门。如今，"青蜂侠"成为中国青年报的新闻短视频品牌之一。

"青蜂侠"团队完全以传播量为导向，这样的激励机制使得青蜂侠团队产出了不少爆款的短视频新闻。据中国青年网副总编辑介绍，当前阶段"青蜂侠"的提升重点为产品的思想性和深度，在满足信息需求的同时与青年进行更深层次的对话，记录青年生活，努力成为青年现象、青年话题的专注者和解释者。

3. 视频资讯类媒体平台——"梨视频"

2016 年 11 月，新闻资讯类短视频平台"梨视频"强势崛起，从诞生之初，"梨视频"就以新闻短视频为主打，率先在短视频行业中占领了新闻这一块阵地，这是国内新闻短视频产品的先例，一时间"梨视频"凭借自己传统媒体的资历和新媒体的商业模式，得到了资本和媒体机构的青睐，获得了极大发展。

虽然"梨视频"如今不仅遭遇着传统媒体的挑战，也面对着新的短视频内容消费倾向的转移，平台的发展岌岌可危，但梨视频在短视频新闻的发展中依然独具特色，作为头部的新闻资讯短视频平台，它是短视频新闻发展到现在重要的实践成果。

4. "澎湃视频"

"澎湃新闻"是上海报业旗下《东方早报》推出的一款新媒体产品，作为移动互联网时代新闻客户端的代表，"澎湃新闻"在视频报道方面的实践，始于客户端上线的 2014 年，但当时也只是处于对图文式新闻内容的简单补充，还不属于重要的生产内容，直到澎湃视频的出现。

"澎湃视频"这一平台在 2017 年 1 月推出，为的是可以将散在新闻客户端的视频新闻做一个集中的呈现，方便读者阅读。总的来说"澎湃视频"依然致力于专业的新闻内容表达，视频产品依旧围绕新闻来做。"澎湃视频"的出现是自然而然的，也可以算是专业媒体打造社会化生产的短视频平台。

5. 央视——《主播说联播》

2019 年 7 月 29 日，中央广播电视总台推出的短视频栏目《主播说联播》上线，引起极大反响，因其视频中接地气的播报表达和硬核的评论风格在各大平台成为关注的焦点。《主播说联播》一改央视严肃严谨的形象，为其他主流媒体在移动互联网时代的创新和转型提供了思路。

央视以往的严肃新闻内容、模式化的节目形式与传统的主播风格难以对新一代的受众群体产生吸引。在日新月异的媒介消费环境中，央视凭借自身强大的融媒体平台和央视品牌的强大影响力推出这一力作，无论是在题材处理上的接受性、主播人设的亲民化，还是融合传播的策略等各方面都为传统媒体新闻报道短视频化做出了示范。

（二）短视频新闻的内容特点

新闻类短视频和其他娱乐搞笑类、美食类、科普类短视频不同，它有着自己独特的内容特点。如果说传统新闻视频具有严肃性、权威性、专业性等特点，那么短视频赋能新闻内容生产之后，其内容特点产生了诸多变化，使得贴近性、视觉性、时效性成为短视频新闻的显著特征。

1. 贴近性是赢得话语权的关键

作为普通人，他们希望被看见、被记录、被分享、被认同。作为媒体，要能表达广大受众的需求，才能扩大影响力，获得话语权。

短视频作为有着草根基因的视频表现形式，可以把复杂的、死板的内容用简单直接、有趣通俗的表达方式呈现出来，大大提升了新闻信息传播的广度，也使得新闻短视频在社会大众中受到更多的认可和喜爱。

2. 视觉性是短视频新闻表达的基础

短视频的表达习惯与传统电视节目的区别之一就在于现场性，短视频的视觉内容都是以具有直接性特点的现场镜头或部分数据的可视化内容为主的。

视觉性体现在更具感染力的视听效果上，短视频新闻突破原有的简单画面加解说的形式，将画面与声音进行配合，呈现出极致的视听效果，带给观众感官的刺激，从而产生更有效的信息传播效果。

3. 时效性是短视频新闻内容的核心

移动设备上更加完善的拍摄和剪辑功能以及网速的加快，满足了网络播出的需要。传统媒体需要进行新闻素材的价值判断和收集整理，即使高效率的、专门化的新闻生产机构，也仍需不断追赶时效性的天花板。短视频时代"人人都是新闻记者"，只要你在新闻现场，就拥有了第一时间采集新闻资料并进行拍摄发布的机会，"一键上传"的便捷性使得短视频新闻具有得天独厚的时间优势。

（三）短视频新闻发展策略

主流新闻媒体具有强大的公信力、独家的资源优势和专业的新闻生产队伍，虽说如今是一个"人人都是记者"的时代，但主流媒体在新闻生产和传播中的核心地位仍是无法撼动的。如何把握这种核心优势，盘活优势新闻资源，在融媒体时代的短视频领域依然保持权威和影响力，传统媒体还需在以下两个方面不断进行尝试。

1. 搭建自家平台，扩展传播渠道

传统媒体转型成为发展的主要趋势，媒体融合是潮流所向，各家媒体发力搭建平台，并通过自家网站、客户端以及新媒体平台的联动，形成了具有自家特色的网络平台建设，

扩大了自身信息的发布渠道，开辟了流量新入口。

例如，2019 年 11 月 20 日中央广播电视总台上线的"央视频"，这是首个国家级 5G 新媒体平台，主打短视频，兼顾长视频，依托总台的独家音视频优势，以站内资源为核心，同时聚合优质的站外创作资源，致力于建设守正创新、真实权威、生动鲜活、轻松愉快、用户喜爱的新媒体平台。这一视频平台的上线，便利了自家短视频新闻的投放，为传统媒体短视频平台的搭建做出了示范。

2. 布局其他平台，扩大自身影响力

随着网络的普及和信息技术的发展，如今大众获取信息的方式变得多种多样，"信息过剩"使得人们的注意力成了稀缺资源，传统媒体自身严肃甚至严苛的表达方式，使得传播效果有限，不能吸引足够的注意力，因此面对五花八门的流量入口，传统媒体纷纷借助外力，入驻各类社交平台和短视频平台。

"微博""微信公众号"经过几轮发展，已经是相当成熟的重要的公域流量集合地，自然会吸引各家媒体纷纷入驻，而随着作为"短视频元年"的 2017 年开启了短视频的传播生态之后，短视频平台的流量不容小觑，"抖音""快手"等头部短视频平台将一种"短、平、快"的视频形式推广开来，同样也成为主流媒体扩大自身影响、获取更多流量、达成更好的传播效果的竞争领域。

目前，央视新闻、人民日报、人民网、共青团中央等各大主流新闻媒体在短视频平台上均开设了账号。以人民日报为例，截至 2020 年 9 月 2 日，人民日报在"抖音"上的粉丝 1.1 亿，发布作品 2 277 条，获赞数 50.9 亿，凭借"阅兵""疫情"等社会关注度高的话题成为央媒短视频内容输出的重要平台。主流媒体纷纷入驻短视频平台，主流媒体圈逐渐形成"两微一抖"的基本布局模式。

二、"短视频+社交"的功能实现

短视频在出现之初就呈现出强烈的社交性，这也是短视频之所以能吸引众多用户的重要原因之一。短视频为用户提供了一个可以参与社交的平台与空间，评论、分享和实时互动形成了以短视频内容为中心的社交场景，由此促成众多的网络交流"现场"，大大满足了短视频用户的网络社交的需求。

（一）短视频的社交属性

社交性是传播的重要路径，有了社交性才有传播的可能性。短视频的社交属性来源于其发布平台的社交性内核，无论是传统社交媒体，还是新兴的短视频平台都是以社交性作为平台发展逻辑的，自然短视频一出现就自带社交属性。

短视频用户通过对短视频的转发、点赞、评论等操作来完成社交行为，这些行动使得智能终端的用户能打破时空局限，与同样关注某内容的其他用户进行交流，这种交流互动能让用户获得更加强烈的参与感。

（二）短视频用户的社交需求

1. 娱　乐

短视频已经成为"娱乐+社交"的最好的载体和表现形式，趣味、娱乐、搞笑是短视频的基因所在。用户观看短视频诉求的第一序列仍然是娱乐放松，大多数用户借助幽默搞笑的短视频内容来转移注意力，在紧张繁忙的学业和工作压力中进行抽离，实现即刻的放松。

2. 陪　伴

用户观看短视频的诉求也随着视频内容的多样化变得更加多元，增长知识、兴趣的满足、获取资讯等需求的满足也能使用户借助短视频看到更大的世界，学到更多的知识。在追求有趣之余，用户通过短视频学习生活小常识，并将其运用到自己的生活中，以起到陪伴自己、丰富自我生活的作用。

3. 社　交

短视频文化的兴起，掀起全民视频创作和分享的热潮，视频行业生态不断变革。其中，用户的影像内容消费需求呈现多元化，娱乐消遣与获取信息并存，短视频不仅是用来休闲放松的影像文化产品，也是重要的信息来源和网络社交连接器。

短视频以视觉传播的方式提升用户的社交体验，成为当下互动社交的主流。因此引领短视频新潮、具有话题性的内容也极易成为当代年轻人与身边熟人开启的话题。短视频作为一种网络社交渠道，对联络和维系熟人关系网络、延展和连接陌生人的关系来说具有一定的作用，但用户通过短视频的互动社交多为浅层次的交流沟通，对线下关系的转化作用有限。

三、"短视频+商业"的产业布局

随着短视频行业商业化探索的不断深入，短视频成为商业营销的新领地，"短视频+商业"的产业模式风靡，成为短视频价值实现的重要路径，短视频广告、短视频电商以及短视频内容付费是当前短视频变现的三种主要商业形式。

（一）广　告

在短视频的商业变现途径中，广告是最普遍的形式。随着互联网视频在用户视频媒介接触中占据着越来越重要的地位，短视频广告的价值也随之增加。

多少短视频用户会关注短视频中的广告，多少短视频用户看过短视频广告后购买过相关的商品，广告的转化率如何，等等，都是短视频广告进行投放时需考量的部分。其中，内容是短视频广告是否能打动用户的第一要素，短视频依托精准的内容表达，直击用户需求，再通过寻求情感共鸣的方式实现消费转化。

短视频用户对广告印象深刻的因素如图 6-1 所示。

图 6-1　短视频用户对广告印象深刻的因素

（二）电商

短视频电商是短视频变现中最具潜力的商业形式，短视频行业于 2018 年开启了"短视频电商元年"，各平台竞相开启"短视频+电商"的商业化探索，短视频平台不断探索电商变现的路径，加速电商化，同时电商巨头也竞相发展自身的短视频渠道，电商模式在短视频平台的商业化建设中扮演着重要角色。"短视频+电商"也已成为行业变现的重要方向。

（三）内容付费

在知识付费风头正劲的 2018 年，短视频内容付费的形式就逐渐兴起了，随着短视频内容的垂直细分与其在各个领域的深耕发展，未来知识类垂直领域的短视频的内容付费模式将极具潜力。

优质短视频的内容价值和创作者的输出潜力是用户为短视频付费的主要原因，是否具有高质量内容的持续输出能力将成为未来用户付费模式前景是否向好的关键。但相比于网络视频平台较成熟的会员付费模式，短视频的内容付费还在发展阶段，还未有大规模的出现。

用户为短视频付费有以下两大主因：首先，有深入人心的内容，主要体现为内容有趣，让人心情愉悦，且内容有用，能展现用户需要的信息；其次，激励喜欢的创作者持续创作，主要体现为鼓励 KOL、网红、大 V 等创作者以创作出更好的内容。

第二节　短视频的未来发展之路

随着短视频行业的发展，创作主体变得更加多元，制作水平也大大提升，传播速度与广度不断突破。短视频早已不是纯粹的内容表达了，而是一个资本不断注入、其他行业纷纷入局的重要产业领域，成为影像消费的重要方向。面对短视频势不可挡的发展趋势，短视频的发展之路也应在以下几方面更加明确，以便行业从业者与创作者把握发展的方向。

一、内容是行业发展的核心

（一）优质内容是基础

短视频行业涌入了多元的创作主体，其中 MCN 形态的引入使其具有了专业化的生产模式，此外高水准的影视制作方法也被引入其中，一时间短视频内容创作的竞争加剧。因此"内容为王"被视为在短视频领域决胜的基本要求，持续产出优质内容成为行业的发展标准。

想要制作出优质的短视频也不是件容易的事情。优质的短视频应该具有以下一些特点：第一，知识性，能通过影像内容提供给用户切实可用的知识，并让用户通过短视频获取价值；第二，娱乐性，即能带给用户放松、愉悦的感受；第三，情感性，把握时代脉搏和大众共鸣，既能走心也能戳中笑点，同时带来正能量与震撼；第四，创意性，在内容创作中展现创意理念，最终呈现为充满创意元素的作品；第五，形成鲜明的人设，稳定的人设易于形成标签，也能提高辨识度。

（二）原创是内容生命力的体现

平台热度给短视频内容带来更多的注意力，备受关注的内容往往更容易成为平台的潮流风向。这些经过检验的、有热度的内容要素也给创作者带来了创作的灵感和为作品的产出带来了便利，相似内容被源源不断地发布至平台，形成观看的热潮，但在热闹的同时，盲目跟风的弊端也开始显现。

跟风与模仿使得内容创作变得模式化，模式化的内容消解了内容的创意空间，创新被无视，原创缺失，这种内容的走向对短视频的发展来说是百害而无一利的，短视频行业想要取得更好的发展，必定要回归创新，用强大的原创力来展现这一大众化的影像文化产品的生命力。

（三）垂直细分是发展方向

在"艾媒咨询"的报告中我们发现用户在内容偏好上以搞笑幽默、生活技能、新闻现场为主，并呈现出更为多样的内容需求趋向。在一定程度上表明了：随着用户群体的壮大，用户的需求也愈加多样，原本较为单一的内容样态已经无法满足多元的用户需求了，需要出现更加多品类的视频内容，也就是视频内容需进行垂直细分。

资本源源不断，市场空间巨大，短视频市场趋于成熟，各种各样的创作者入局短视频创作，多元的短视频内容得到充分探索，同时市场细分也更加明显，短视频未来的发展也会变得越来越垂直化、专业化，独特的定位与清晰的 IP 打造必然会成为行业发展的风向标。

二、完善的行业机制是发展动力

短视频行业的发展离不开优质的短视频内容和一个完善的行业发展机制，在短视频行业发展进入一个平稳发展的阶段后，优质内容的创作与激励以及行业管理规范的建立都是极其关键的，这决定了短视频未来发展的高度与水平。

（一）建立平台内容创作激励机制

随着短视频平台的崛起，短视频数量暴增，短视频行业发展迅速，虽说不断扩张的用户规模和不断多元的 UGC 内容为平台的内容发展带来了极大生机，但平台的发展始终要依靠优质的原创内容，这才是短视频行业发展的基础。为了保证这些内容的持续产出，需要有效的创作者激励机制。

对于教育领域来说，培养与行业接轨的优秀创作人才是教育教学的目标；对于平台来说，设置一个明确的内容创作机制是平台发展的有利措施。随着多个短视频平台的发展成熟，处在头部的短视频平台也形成了较为差异化的定位与发展状况，既有"抖音""快手"平分天下，又有"B站""秒拍""微视""微信视频号"等平台竞争剩余市场。如何将能持续产出优质内容的创作者聚集在自家平台，如何对其进行流量扶持以及资源共享也是目前各平台暗自较劲的方向。

（二）加强行业监管

丰富的短视频内容一方面为社会大众提供了多样的影视文化产品，另一方面也因为内容制作水平差异较大，使得短视频的内容更加鱼龙混杂。此外，为满足大众娱乐化需求，部分短视频展现出没有深度的、浅层次感官愉悦的内容，有的内容甚至出现了低俗、涉黄、诈骗等价值观扭曲和涉及违法犯罪的问题。

对于此类问题，不仅需要国家有关部门采取相应措施与办法规范行业管理，加大监管力度，完善相应的政策、法律、法规，起到约束内容创作与运营行为的作用，还需要各个短视频平台加强视频上传审核程序，严格把控内容规范，从而保证短视频行业的健康发展，使得灵活、丰富的短视频内容领域能发挥其聚集注意力的优势，将准确、客观、有益的信息高效地传播给社会大众。

三、弘扬美育精神是未来方向

短视频已然成为一种社会大众表达自我的方式，其强大的社会影响力使得其不得不肩负起精神文明建设的社会责任。短视频的创作者以及广大短视频用户都应积极提高相应的艺术素养和鉴赏水平，从而实现短视频的社会治理、社会美育教育的功能。

（一）树立正确艺术观和创作观

拥有时代特色的艺术创作才是有灵魂的，立足时代、扎根人民、深入生活的艺术观和创作观是每一个创作者都需要具备的，这就要求创作者们在进行艺术表达和艺术创作时要着力去刻画社会大众的真实生活现状，展现各个时代最能展现百姓情韵和人性美好

的事物。

　　"短、平、快"的视频内容带给人们及时的信息与娱乐，使得它成为大众日常生活闲暇之余不可或缺的"调味剂"，与此同时，其内容深度的不足，单纯追求视觉刺激和心理冲击的趋向，使得个别短视频作为反面案例，成为行业规范的警示灯，一些令人咋舌的错误示范和行为也被央视等媒体频频点名。

案例："胡吃海塞"的吃播视频遭到央视痛批

　　2020 年 8 月 12 日，央视新闻报道了一则关于食物浪费的新闻，在众多浪费行为中举到一种极端的案例，那就是自媒体领域的"大胃王直播"，指出了这些网络大胃王的直播秀和短视频节目，存在误导消费、浪费严重的现象。相关专家也提出：如今娱乐自媒体的这种消费导向让人担忧，也和国家现在建立节约意识、减少食物浪费的理念背道而驰。

　　"大胃王吃播"本意是分享美食和传递快乐，同时收获粉丝和打赏，但如今已变味的吃播却用亲身实践伤害主播自己的身体，向网络社群展现这种过度饮食的不良习惯。目前，多个视频和直播平台相继叫停"大胃王吃播"类视频，并采取删除、关闭账号等措施。在网络平台搜索吃播和大胃王的关键词，就会出现"珍惜粮食，拒绝浪费""爱惜粮食，合理饮食"等的提示。不少大胃王创作者着力抹去自己曾经"大胃王"的标签，删除曾经上传的"大胃王吃播视频"。一时间，吃播视频和相关视频平台都开始了整顿和改进。

案例：搭讪视频被披露涉嫌违法

　　随着短视频平台的兴起和用户内容表达的充分探索，一些自媒体账号为了博取流量和吸引公众目光，会上传一些非常规的拍摄作品，比如以搭讪陌生人为噱头的短视频。其中搭讪者多是男性，被搭讪对象多是年轻貌美的女性，当中展现的内容多为求交友或是索要微信等社交账号，甚至出现对女性的无礼戏谑，在这个过程中不少女性都在不知情的情况下被拍摄。这些视频多数是搏人眼球、渴望获取流量的视频账号，也有为了盈利在网上开设视频账号进行搭讪培训活动的情况。

　　据相关的法律工作者描述，拍摄者没有被同意拍摄记录这些搭讪的行为本身就是违法的，更不用说发到社交媒体平台进行公开播放了。此外搭讪行为视频的公开涉嫌侵犯个人信息，被拍摄者可以要求平台删除视频，并可以向平台获取违法账号的用户信息，要求偷录人删除偷拍视频并赔礼道歉，甚至承担民事赔偿责任。这一无视法律法规和他人隐私的行为，理应受到质疑与披露，也需平台立刻进行相关整顿，相关部门监管职能的加强以及平台审核标准的提高都应纳入此次整顿的范畴内。

短视频是如今互联网文化的重要组成部分，也成为重要的大众化的文化产品，对社会公众的影响力不可忽视，因此理应发挥其价值观引领的作用。此外，短视频作为年轻人聚集的文化阵地，在核心价值观的导向以及引领作用方面还需有所发挥，行业从业者和创作者也应积极探索，找准文化方向，充分展示核心价值观，让青春洋溢和积极向上的奋斗激情在短视频内容中体现，带给年轻人或更广泛的大众群体巨大的社会正能量。

（二）传承发扬中华优秀文化

中华文化源远流长，有很多值得探索的领域，这是中华儿女的精神富矿。影像艺术一直都以综合性的艺术表现力产生着无可比拟的影响力，短视频作为如今重要的影像文化产品之一，其在艺术性和文化性等都需要再有提升。正如上文所说，"对于教育领域来说，培养与行业接轨的优秀创作人才是教育教学的目标；而对于整个行业来说，提升短视频用户素养是行业良性发展的重要路径。"

案例：央视评李子柒这样的网红太少

李子柒是近来备受关注的短视频"网红"，央视这样的主流媒体都对其赞不绝口。如今的李子柒早已成为全球知名的视频博主。她的视频以展现传统美食文化为主线，围绕传统乡村的衣、食、住、行展开。作品题材来源于中国乡村真实、古朴的传统生活，她用朴实的影像作品，展现着美食的古法工序和古朴炊具，演绎着人人向往的悠然自得的田园生活。在简朴的乡间生活的表象下，她的这些视频体现着中华文化中勤劳、智慧、仁爱、尊老、自然、美好等观念，这样的生活虽然普通却饱含着中国传统文化中的人文精神。

李子柒的传统叙事成为新的时代里对传统文化与精神内涵的全新诠释，她的视频开启了一种基于传统文化的美好想象，也为国外民众了解淳朴的中国式生活方式提供了一个新的窗口。由李子柒的视频影响力可见，只有这种关怀人们生活、贴近中国传统文化精髓，同时又能给人们带来精神愉悦的文化作品，才能具有打动人心的力量，才能肩负展现中国文化、继承中国精神、讲述中国故事的文化重任。

综上所述，短视频的创作与传播需立足时代精神、扎根人民生活，展现真实的社会面貌与人文精神。因此，短视频创作者应树立正确的艺术观和创作观。要坚持以美育人、以美化人，创作出扣人心弦的好作品。此外，创作者也需扮演好文化传承者的角色，自觉传承和弘扬中华优秀文化，在全面提高审美水平和人文素养的同时，增强文化自信、讲好中国故事、展现中国风采。

参考文献

［1］谭天. 媒介平台论[M]. 北京：中国人民大学出版社. 2015.

［2］薛君. 中国消费者网络黏性及干预机制研究[M]. 北京：中国社会科学出版社，2015.

［3］列夫·马诺维奇. 新媒体的语言[M]. 贵阳：贵州人民出版社，2020.

［4］彭增军. 墙里秋千墙外道：新闻付费墙与会员制[J]. 新闻记者. 2019（08）.

［5］姜飞，彭锦. 以媒体融合促进对外传播能力建设[J]. 现代传播（中国传媒大学学报），2019（08）.

［6］杜羽茜. 用户思维视野下都市报新闻客户端的运营路径研究[D]. 郑州：郑州大学 2018.

［7］闫石. 竖屏新闻资讯类短视频的内容特征与发展策略研究[D]. 呼和浩特：内蒙古大学，2020.

［8］吴晓慧. 政务短视频内容的用户思维研究[D]. 保定：河北大学，2020.

［9］宋东强. 获赞100万+爆款短视频内容研究[D]. 保定：河北大学，2020.

［10］侯永佳. 新闻评论节目《抖音中的正能量》的策划与制作[D]. 哈尔滨：哈尔滨师范大学，2020.

［11］张释心. 央视短视频《主播说联播》内容生产调研报告[D]. 北京：中央民族大学，2020.

［12］汪佳. 资讯类短视频的把关机制研究[D]. 重庆：西南政法大学，2019.

［13］刘亚兰. 传统媒体客户端短视频内容生产研究[D]. 长沙湖南大学，2018.

［14］孙志军. 报纸媒体与电视媒体短视频内容生产及传播策略比较研究[D]. 石家庄：河北经贸大学，2018.

［15］王晓颖. 网络短视频的价值引领与实现路径[D]. 南昌：江西师范大学，2020.

［16］郑昊，米鹿. 短视频：策划、制作与运营[M]. 北京：人民邮电出版社，2019.

［17］赵君. Vlog短视频拍摄与剪辑从入门到精通[M]. 北京：电子工业出版社，2020.

［18］吴航行，李华. 短视频编辑与制作[M]. 北京：人民邮电出版社，2019.

［19］周建青. 新媒体视听节目制作[M]. 北京：北京大学出版社，2014.

［20］黄会林. 影视概论教程[M]. 北京：北京师范大学出版社，2004.

［21］杨光影. "精致劣质图像"的生产与"虚拟社区意识"的形成——论抖音短视频社区青年亚文化的生成机制[J]. 中国青年研究，2019.

［22］张昕. Vlog的特点与发展趋势——从视觉说服视角[J]. 青年记者，2018.

［23］蔡骐. 大众传播中的明星崇拜和粉丝效应[J]. 湖南师范大学社会科学学报，2011.

［24］熊晓明. 影像多媒体时代的小屏生态系统[J]. 当代电影，2016.

[25] 孙志平. 用故事阐释思想 靠情节抓住受众——以新华社中英文视频栏目"习近平讲述的故事"为例[J]. 中国记者，2020.

[26] 郑昊，米鹿. 短视频：策划、制作与运营[M]. 北京：人民邮电出版社，2019.

[27] 赵君. vlog 短视频拍摄与剪辑从入门到精通[M]. 北京：电子工业出版社，2020.

[28] 迈克尔·翁达杰. 剪辑之道：对话沃尔特·默奇[M]. 夏彤，译. 北京：北京联合出版公司. 2015.

[29] MAXIM Jago. Adobe Premiere Pro CC 2017 经典教程[M]. 徐波，译. 北京：人民邮电出版社，2017.

[30] 张坚，王红卫，骆舒. 3DS/AE 影视包装技术精粹[M]. 北京：人民邮电出版社，2013.

[31] 杨光影. "精致劣质图像"的生产与"虚拟社区意识"的形成——论抖音短视频社区青年亚文化的生成机制[J]. 中国青年研究，2019.

[32] 张昕. vlog 的特点与发展趋势——从视觉说服视角[J]. 青年记者，2018.

[33] 蔡骐. 大众传播中的明星崇拜和粉丝效应[J]. 湖南师范大学社会科学学报，2011.

[34] 熊晓明. 影像多媒体时代的小屏生态系统[J]. 当代电影，2016.

[35] 彭兰. 网络传播概论[M]. 北京：中国人民大学出版社，2016.

[36] 詹姆斯·库兰，米切尔·古尔维奇. 大众媒介与社会[M]. 杨击，译. 北京：华夏出版社，2006.

[37] 李科成. 短视频运营实操手册[M]. 北京：中国商业出版社，2019.

[38] 罗青. 主流媒体短视频内容生产与传播策略——以人民日报抖音号为例[J]. 传媒，2020（22）：44-46.

[39] 罗乔木. 融媒体时代短视频的传播特色与创新[J]. 记者摇篮，2021（01）：55-56.

[40] 杨嘉嵋. 我国短视频新闻的发展与传播研究[M]. 成都：四川大学出版社，2018.

[41] 孙浩睿，王雪梅. "短视频+"的内容价值与发展路径[J]. 青年记者，2020（18）：88-89.

[42] 姚哲男. 我国短视频新闻发展的特征与趋势[J]. 新闻界，2020（01）：93.

[43] 许莹. 电视媒体赋新 重在短之有道——央视短视频叙事研究[J]. 中国电视，2020（11）：15-18.

[44] 张翼，徐键. 短视频情感化设计对中国传统艺术文化的传播探究——以李子柒的系列短视频为例[J]. 新闻爱好者，2020（11）：41-43.